雷达海杂波反演
大气波导技术

田 斌 陈子豪 孙 明 龚 敬 赵喜春◎著

长江出版传媒

湖北科学技术出版社

图书在版编目（CIP）数据

雷达海杂波反演大气波导技术 / 田斌等著 . —武汉：湖北科学
技术出版社 , 2023.6
　　ISBN 978-7-5706-2585-7

　　Ⅰ . ①雷… Ⅱ . ①田… Ⅲ . ①雷达干扰 - 大气波导传播
Ⅳ . ① TN972

　　中国国家版本馆 CIP 数据核字（2023）第 091064 号

责任编辑：张波军
责任校对：王　璐　　　　　　　　　　　　　　　　封面设计：曾雅明

出版发行：湖北科学技术出版社
地　　址：武汉市雄楚大街 268 号（湖北出版文化城 B 座 13—14 层）
电　　话：027-87679468　　　　　　　　　　　　邮　　编：430070

印　　刷：湖北新华印务有限公司　　　　　　　　邮　　编：430035

787×1092　　　　1/16　　　　　　　　　　9.75 印张　　　　160 千字
2023 年 6 月第 1 版　　　　　　　　　　　　　2023 年 6 月第 1 次印刷
定　　价：120.00 元

（本书如有印装问题，可找本社市场部更换）

目　录

第1章 绪 论

　　雷达电磁波在传播时受大气波导的影响，从而携带相应的波导信息。随着科学技术的发展，雷达系统、传播模型以及反演算法等方面都有了较大提升。本章首先简要概括雷达海杂波反演技术的研究背景和意义，然后介绍雷达海杂波反演技术的研究历史和现状，最后以框架图结合说明的形式介绍了本书的章节安排及相应研究内容。

1.1 研究背景和意义

　　海上作战要素和作战空间主要集中在海气边界层，各种作战行动必然受到海气边界层环境的影响，其中最主要的环境因素就是使电磁波改变直线传播特性的海上大气波导，称为大气波导传播效应。海上大气波导传播效应使作战平台或武器上的雷达探测能力、通信系统信息传输能力、电子战系统对抗能力在某些空间内是倍增的，出现诸如超视距探测、远距离通信等现象，而在另一些空间内却大打折扣，导致产生雷达空域异常探测盲区等问题，如图1.1所示。

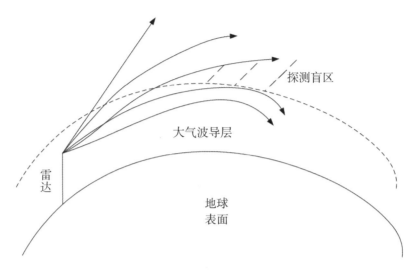

图1.1　波导顶端的探测盲区

大气波导本身"看不见、摸不着"，受大气波导影响的电磁波传播特性也"看不见、摸不着"，两者共同作用的结果是使雷达、通信、电子战等信息装备和导弹等武器装备的作战效能变得难以判断和掌握。海上大气波导分为三类，分别是蒸发波导、表面波导和抬升波导。前两类大气波导附着在海面，在全球海域的平均发生概率分别达到了60%和20%，对水面舰艇作战影响明显。抬升波导平均发生概率达到15%，对空中作战的影响不可忽视。

我国海域辽阔，横跨多个温度带，存在多种有利于大气波导形成的气象环境，易形成具有显著特性的大气波导层结。近年来统计发现，我国大气波导的发生概率受季风影响，夏季时大气波导发生概率最高。其中，蒸发波导更是在我国沿岸及开放海域常态化出现；受陆地干暖气团等因素影响，表面波导平均发生概率在15%以上。因此，随着雷达、光电等电子设备在海上军事行动中的作用越来越大，充分掌握运用海洋大气环境，是在作战准备与对抗行动中取得主动权的前提条件。

目前，常见的大气波导直接测量技术和模型诊断技术无法快速、实时、大范围、高分辨率地获取大气波导参数，而雷达海杂波反演大气波导方法可根据海杂波回波功率在任意海域进行实时反演大气波导，并且随着雷达性能的提升、传播理论的完善、反演算法的成熟，雷达海杂波反演大气波导技术成为舰载、岸基雷达大气波导监测的主要手段之一。

1.2 国内外研究历史和现状

1.2.1 大气波导的研究历史和现状

人们对大气波导的研究主要聚焦大气波导监测技术、大气波导预报技术、波导条件下电磁波传播分析技术3个方面，其中，大气波导监测技术主要解决大气波导实时获取问题；大气波导预报技术主要解决大气波导未来信息预测问题；波导条件下电磁波传播分析技术主要解决在得到实时或未来大气波导数据的基础上，雷达等设备发出的电磁波在波导层内传输评估问题。围绕上述3个方面，俄罗斯、美国、法国、澳大利亚等国家进行了大量的研究工作。在大气波导监测技术方面，20世纪70年代，Jeske提出基于气象参数和近海层面相似理论的蒸发波导监测模型，后经Paulus修正，形成普遍使用的PJ模型。20世纪90年代初，Musson-Gennon等研究人员基于多年实际观测数据，构建出新型的近海面层气象要素普适函数，并利用该函数形成了MGB模型。20世纪末，Babin等运用在海上综合试验中采集的试验数据对常用的蒸发波导模型计算流程进行调整，形成了BYC模型。2000年，美国海军研究院又在BYC等模型的基础上构建出NPS模型，并结合最新的海洋大气研究成果不断对NPS模型进行迭代更新。在大气波导预报技术方面，美国海军在20世纪70年代开始研究基于天气数值模式的大气波导预报，21世纪初，其将研究成果不断迭代更新，形成了"海洋大气中尺度耦合预报系统（COAMPS）"，水平分辨率达到3km，已在美国海军舰队数值海洋气象中心业务运行及作战舰艇保障应用。法国也在20世纪80年代开始运用其研究的大气模式成果开展对印度洋、大西洋部分海域蒸发波导的短期预报。在波导条件下电磁波传播分析技术方面，科研人员构建了多种用于量化描述电磁波在大气波导条件下传播的数学模型和相关理论，并在部分区域开展综合试验验证成果的可行性和准确性。2001年，美国开展海上粗糙蒸发波导（rough evaporation duct，RED）实验，研究分析海面粗糙度对大气折射率的影响，同年，Atkinson等利用大气数值模式对波斯湾海域的大气波导信息进行中尺度级别的预报。2007年，Siddle等开展英吉利海峡上3条路径的雷达在蒸发波导条件下的接收实验。2015年、2017年，美国和澳大利亚分别开展大气波导条件下电波传播实验。2018年，Oh.J.等通过利用特定地区的大气折射率并模拟电磁波传播损耗，解释分析邻国之间的无线电干扰问题。2020年，Sit等提出一种利用深度学习进行海洋环境中大气波导特征分类的建模方法。2022年，Ribinson等在爱尔兰海域开展试验，分析了蒸发波导对微波通信的影响。

国内开展大气波导研究虽然起步晚，但发展较为迅速。刘成国等先后进行大气波导发生概率及其特征量的统计分析、大气波导的极限频率和穿透角的计算，并于2001年设计开发出伪折射率模型用于计算大气波导。1998年，戴福山给出不同层结下大气修正折射率计算方法，并给出电磁波的最低陷获频率。2004年，焦林等围绕大型活动中暴露出的雷达探测异常问题，着手研究活动区域大气波导特征及其对雷达电磁盲区的影响。2005年，李诗明等通过对比分析PJ等模型，发现Babin模型运用小风速相似理论和湿度的盐度修正技术效果最好。2013年，成印河等对海上大气波导的研究现状及进展进行了概括总结。2014年，田斌等通过对A模型的分析，完善了A模型计算大气波导特征量的相关理论，并验证了该模型在不同层级的监测能力。2016年，杨少波等基于获取的海洋观测数据对NPS模型监测结果的准确性进行了分析，该团队于次年对南海蒸发波导中尺度数值开展了模拟研究。2017年，史阳等聚焦蒸发波导模型构建及其对微波频段电磁波传输的影响，并初步运用"GFS数据＋WRF模型"的方法对蒸发波导进行短期预报；针对开放海域出现的水平非均匀波导分布情况，马圣华等运用仿真研究了这类分布波导条件对雷达探测性能的影响。2020年，张玉生等对大气波导的机理研究、预报和诊断方法等方面研究现状进行了综合论述。2022年，刘成国等基于对波导传播等机制的分析，开展了微波超视距传播试验研究；同年，该团队基于GTS探空站数据对黄海海域的近地层大气波导参数特征量和发现概率进行了统计分析的研究。

1.2.2 海杂波反演大气波导的研究历史和现状

考虑到常用的大气波导监测方法在监测范围、时空分辨率等环节上与舰艇作战需求仍有一定差距，科研人员开始尝试运用具有一定时空分辨率和监测范围的雷达海杂波反演大气波导。公开文献显示，国外开展雷达海杂波反演波导工作起步于20世纪末，并于1998年在Wallops岛美海军作战中心通过试验分析，证明了雷达海杂波反演大气波导的可行性。1999年，Rogers等通过最小二乘法进行大气波导反演。1999年，Fiolik等运用最大后验概率反演方法进行海杂波反演，并在2000年对该反演方法进行了完善改进。21世纪以来，众多学者开展了一系列大气波导反演研究。2001年，Anderson等结合Markov过程提出粒子滤波算法。2003年，Gerstoft等对大气波导模型构建方案在水平和垂直方向上进行细化，并利用遗传和模拟退火算法实施后续波导反演，并于2006年在此基础上通过贝叶斯理论对试验数据进行反演分析，又于2007年将粒子滤波和卡尔曼滤波方法引入反演计算中。2008年，Douvenot 等在寻优过程中引入最小二乘法支持向量机来提升求解运算效率。2011 年，Valtr 等利用匹配场技术进行大气波导反演。2015 年，Tepecik 等先后通过神经网络方法和神经网络结合遗传算法的方法反演大气波导，并于 2018 年提出一种用于大气折射率反演的新的混合模型。2018 年，Penton 等提出一种基于粗糙海面影响反演大气波导的遗传算法；Compaleo 等基于 CASPER 试验开展雷达海杂波反演蒸发波导研究。

国内研究所和高校如中国电波传播研究所（即中国电子科技集团第二十二研究所）、解放军理工大学（后并入中国人民解放军陆军工程大学）、中国人民解放军海军工程大学、中国人民解放军海军航空大学、西北工业大学、西安电子科技大学等相继开展了雷达海杂波反演技术的相关研究，分别利用 Lévy 粒子群算法、排斥粒子群算法、自适应布谷鸟搜索算法、直接支持向量机方法、遗传/模拟退火算法和深度学习方法完善雷达海杂波反演技术。近年来，随着科学技术的发展，众多学者持续深入开展海杂波反演大气波导研究。2020 年，张金鹏等提出一种遗传-粒子群算法用于蒸发波导反演研究。

在具体应用上，美军在其 AN/SPY-1 雷达上配接了嵌入式大气波导反演终端设备，该终端以高性能嵌入式处理器 PowerPC 阵列为计算平台，其反演一圈的时间不超过 15min。国内雷音公司于 2005 年开始进行基于雷达海杂波反演大气波导的技术研究；2009 年基于国家重点项目进行了与海杂波反演相关的利用军用雷达回波进行气象反演方面的研究并形成装备，而后多次开展岸基、船载雷达比测试验并取得良好效果。近年来，随着雷音公司在海杂波反演大气波导研究的不断深入，已逐渐将前期定型的气象终端改造为实时高速的大气波导探测和评估终端，但是利用该终端进行大气波导反演时，需要将雷达工作模式转换为气象模式。（图 1.2～图 1.4）

综上所述，当前国内外在海杂波反演大气波导研究中理论成熟化、算法多元化都处于比较成熟的阶段。但是，在实际应用中，现阶段的海杂波反演技术在一些方面仍然存在不完善的现象，主要表现在：

图 1.2 用于反演的 X 波段岸基雷达

图 1.3 东方红 2 号船搭载 X 波段雷达进行比测试验

图 1.4 与 X 波段雷达配接的探测终端

（1）大气湍流是大气波导特别是蒸发波导形成的原因之一，大气湍流效应会引起大气修正折射率的随机起伏，同时也会使雷达电磁波的传播损耗发生随机变化，然而当前雷达海杂波反演大气波导技术在构建过程中出现的近海面层大气湍流因素引入不足，导致出现雷达海杂波反演数据库准确度下降的问题，易给后续大气波导的反演带来误差。

（2）目前海杂波显示区域外功率空间分布不明晰，导致海杂波显示区域外无法开展大气波导反演，而海杂波的探测距离相对于实际所需反演大气波导的距离较近，而如何利用所能接收到的回波功率通过雷达海杂波反演技术进行海杂波探测距离外大气波导反演的研究少有人开展。

（3）对于某些雷达来说，在使用中会出现大气波导反演模式与工作模式时间资源冲突的现象，从而导致海杂波实测结果时间分布数据不足，无法开展长时间大气波导反演预测。如何在有限的海杂波采集时间条件下，利用海杂波回波功率进行长时间的大气波导监测的研究少有人开展。

综上，本书在现有的雷达海杂波反演大气波导技术的基础上，引入大气湍流理论，并提出一种基于马尔科夫预测的深度前馈神经网络模型，分别在时间和距离上对大气波导的反演范围进行延拓，从而有效改善上述不完善现象。

1.3 本书主要研究内容与结构安排

本书主要开展雷达海杂波反演大气波导研究。第一，介绍大气波导模型并引入大气湍流理论对蒸发波导模型进行修正，提出一种基于各向异性湍流的蒸发波导改进模型；第二，研究雷达电磁波在大气波导条件下的传播特性，根据抛物方程建立电磁波正向传播模型；第三，引入海杂波经验模型，通过模拟仿真，具体分析天线的极化方式在海杂波反演技术中的影响程度，并计算模拟海杂波回波功率；第四，提出一种滑动加权灰色-马尔科夫模型对实测海杂波回波功率在距离向和时间上进行预测，为解决目前雷达海杂波反演技术存在的局限性提供先决条件；第五，提出一种基于马尔科夫模型＋深度前馈神经网络进行大气波导参数的反演运算，并根据本书研究理论设计了海杂波反演大气波导系统软件；第六，通过试验数据验证本书理论及反演软件的可行性。根据上述内容，本书的结构框架如图1.5所示。

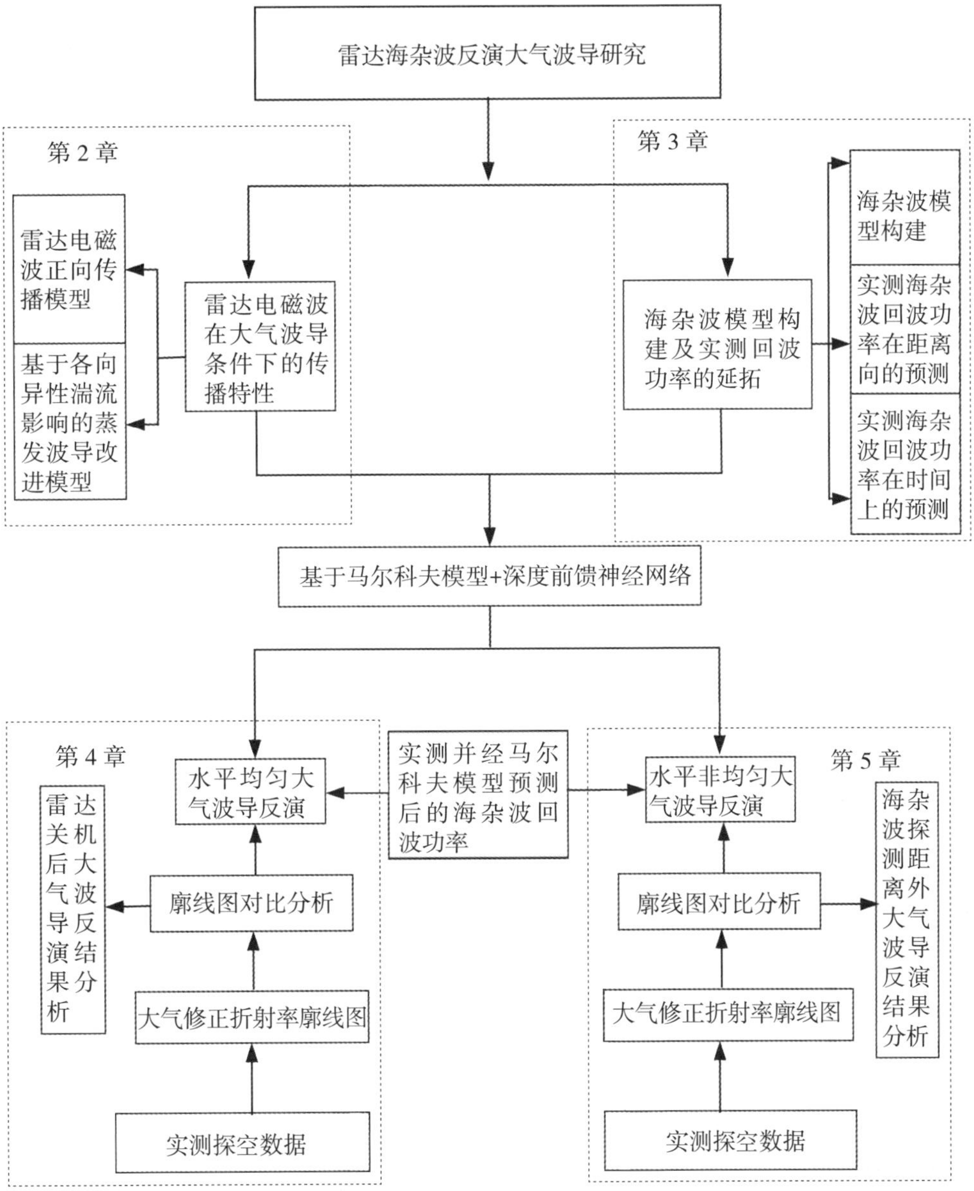

```
                        雷达海杂波反演大气波导研究
```

第2章

雷达电磁波正向传播模型

基于各向异性湍流影响的蒸发波导改进模型

雷达电磁波在大气波导条件下的传播特性

第3章

海杂波模型构建及实测回波功率的延拓

海杂波模型构建

实测海杂波回波功率在距离向的预测

实测海杂波回波功率在时间上的预测

```
                    基于马尔科夫模型+深度前馈神经网络
```

第4章

雷达关机后大气波导反演结果分析

水平均匀大气波导反演

廓线图对比分析

大气修正折射率廓线图

实测探空数据

实测并经马尔科夫模型预测后的海杂波回波功率

水平非均匀大气波导反演

第5章

海杂波探测距离外大气波导反演结果分析

廓线图对比分析

大气修正折射率廓线图

实测探空数据

图1.5　本书结构框架图

具体安排如下：

第1章为绪论。首先简要介绍本书研究背景和意义，然后综述国内外的研究历史和现状，最后介绍本书的主要研究内容和具体结构安排。

第2章为雷达电磁波在大气波导条件下的传播特性。首先简述大气波导的形成机理，并对3类大气波导进行介绍，再引入大气湍流理论对现有的蒸发波导模型进行修正，提出一种基于各向异性湍流影响的蒸发波导改进模型；然后简述电磁波传播的抛物方程算法，根据该算法分析电磁波在大气波导条件下的传播特性，并进行数值仿真，分别分析雷达电磁波在蒸发波导、表面波导和抬升波导条件下的传播特性以及天线的不同极化方式下的传播特性；最后对大气波导参数进行敏感性分析，确定雷达海杂波反演方法能够反演的波导参数。

第3章为海杂波模型构建及实测回波功率的延拓。本章主要分为两个部分。一是海杂波模型的构建及其模拟回波功率的计算，首先简要介绍海杂波并分析其特征，然后介绍海杂波经验模型，并仿真分析天线的不同极化方式在海杂波模型中的区别；最后给出模拟海杂波回波功率的计算公式。二是对实测海杂波进行预测，首先介绍现有的马尔科夫模型，然后针对海杂波回波功率特点提出一种滑动加权灰色-马尔科夫模型，最后对实测海杂波回波功率在距离向和时间上分别进行预测，为解决雷达海杂波反演大气波导时存在的反演距离受限和雷达工作模式被占用的问题创造先决条件。

第4章为基于马尔科夫模型＋深度前馈神经网络的水平均匀雷达海杂波反演大气波导。首先，介绍了雷达海杂波反演大气波导的基本方法；其次，介绍本书大气波导反演模型的构建方法；最后，进行试验，分别验证基于海杂波回波功率在时间上和距离向预测功率的反演结果的可靠性与有效性，并给出相应结论。

第5章为基于马尔科夫模型＋深度前馈神经网络的水平非均匀雷达海杂波反演大气波导。首先，介绍本章研究的基本内容、基本方法和具体流程；然后通过高斯-马尔科夫模型和主成分分析法对水平非均匀的大气波导模型进行建模并降维，构建水平非均匀的大气波导廓线库和模拟海杂波回波功率库，并构建深度前馈神经网络模型；其次，根据本书研究理论，设计了一个海杂波反演大气波导的软件；最后，开展试验验证本书构建的模型在进行水平非均匀雷达海杂波反演大气波导方面的适用性与准确性，并给出相关结论。

第6章为总结与展望。总结概括本书的研究内容与研究成果，展望后续需进一步开展的研究工作。

第2章 雷达电磁波在大气波导条件下的传播特性

　　雷达海杂波反演大气波导是一种利用接收到的海杂波功率监测大气修正折射率廓线的方法，其主要包括3个部分：一是确定反演过程中使用的大气修正折射率廓线模型；二是研究海杂波回波功率的正演问题，分析大气波导参数变化对雷达电磁波传播特性的影响，确定可反演的参数，再由海杂波模型进行模拟功率计算；三是反演计算，通过获得的实测海杂波回波功率，再根据前两个部分的信息，利用合适的算法进行反演，得到的大气波导参数即实际大气环境中的波导参数。

　　本章首先介绍近地层大气波导的产生条件和模型分类；其次引入大气湍流理论，并提出一种基于各向异性湍流影响的大气波导改进模型；再次根据抛物方程求解方法，建立电磁波在大气波导条件下的正向传播模型；最后进行数值仿真，分别分析不同大气波导类型对电磁波传播的影响，并对大气波导参数进行敏感性分析，确定雷达海杂波反演技术可以反演计算的大气波导参数，为后续雷达海杂波反演大气波导的数据库构建提供理论依据。

2.1　对流层大气波导产生条件及其分类

2.1.1　大气折射及大气波导产生条件

当电磁波在不同介质中传播时，会出现传播方向弯折的现象，这种现象称为大气折射现象。通常用大气折射指数 n 来表示大气垂直梯度，其定义为

$$n = c/v \tag{2.1.1}$$

式中，c 为光速，v 为电磁波在当前大气环境中的传播速度。

由于大气折射指数 n 接近于 1 不方便使用，因此引入大气折射率 N，表达式为

$$N = (n-1) \times 10^6 \tag{2.1.2}$$

大气折射率 N 可由常见的气象参数求解，可表示为

$$N = \frac{77,6}{T} \times \left(p + \frac{4810e}{T} \right) \tag{2.1.3}$$

式中，T 为热力学温度，p 为大气压强，e 为水汽分压。

水汽分压 e 可由 Tetens 计算的饱和水汽压 e_s 经验公式求得，具体为

$$\begin{cases} e = U_w \times e_s \\ e_s = 6.1078 \times \exp\left(17.2693882 \times \frac{T - 273.16}{T - 35.86} \right) \end{cases} \tag{2.1.4}$$

式中，U_w 为相对湿度。

为更好地描述远距离电磁波传播问题，人们引入了大气修正折射率 M，其计算式如下：

$$M = N + \frac{z}{r_e} \times 10^6 = N + 0.157z \tag{2.1.5}$$

式中，M是无量纲参数（M）；r_e为地球平均半径（6 371km）；z为海拔高度。

根据大气修正折射率随高度的梯度变化，大气折射被分为6种类型：陷获折射、临界折射、超折射、标准折射、无折射以及负折射。大气折射类型辨别图如图2.1所示，具体判别条件如表2.1所示。

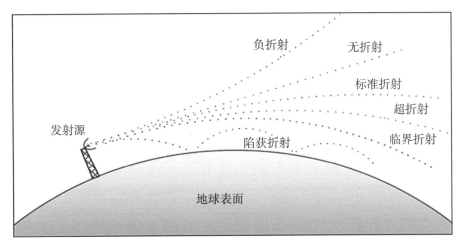

图2.1　大气折射类型辨识

表2.1　大气折射类型及其判别条件

大气折射基本类型	dM/dz（M/km）
负折射	>157
无折射	118
标准折射	79～157
超折射	0～79
临界折射	0
陷获折射	<0

2.1.2 大气波导分类

当发生陷获折射现象时，电磁波传播路径的曲率半径小于地球半径，此时部分电磁波会在陷获层内不断向前传播，这种现象称为大气波导。

根据参数不同，大气波导大体分为3类：蒸发波导、表面波导以及抬升波导。（图2.2）

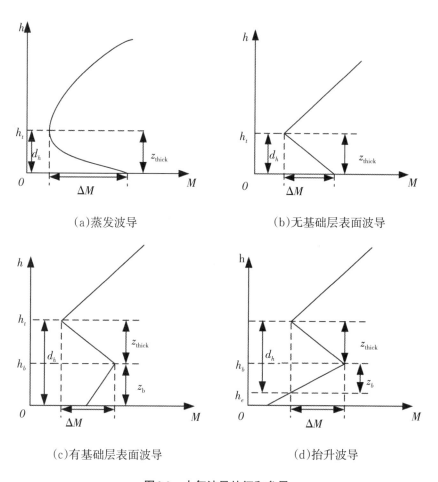

(a)蒸发波导

(b)无基础层表面波导

(c)有基础层表面波导

(d)抬升波导

图2.2 大气波导特征和参量

图2.2给出了不同类型大气波导的大气修正折射率廓线，其中 h_t 为波导

层顶高度，h_b 为波导层底高度，h_e 为波导底高，d_h 为波导厚度，z_{thick} 为波导层厚度，ΔM 为波导强度。

蒸发波导在海上任何时间都可能出现，其波导高度一般为 2~40m，世界范围内约为 13m，热带海域可能达到 18m，在我国南海海域的夏季和秋季大于 10m 的概率超过 80%。

表面波导可细分为陷获层接地的无基础层的表面波导和陷获层悬空的有基础层表面波导，其波导高度一般在 300m 以下，最高也曾达到过 4 000m。表面波导容易出现在陆海交界的海面上，全球超过 50% 的表面波导分布在南海周边、澳大利亚西北、红海、地中海等海域。表面波导常使用四参数模型，可表示为

$$M(h)=M_0+\begin{cases}c_1 h, h\leqslant h_b\\c_1 h_b-\Delta M \dfrac{h-h_b}{z_{thick}}, h_b<h<h_b+z_{thick}\\c_1 h_b-\Delta M+0.118(h-h_b-z_{thick}), h\geqslant h_b+z_{thick}\end{cases} \quad (2.1.6)$$

式中，ΔM 为波导强度，c_1 为波导基底斜率，h_b 为波导层底高度，z_{thick} 为波导层厚度。当用式（2.1.6）表示无基础层表面波导时，即可令 $h_b=0$。

抬升波导即波导层底高悬空的波导，又称悬空波导。抬升波导的高度一般在几百米至 10 000m 之间，表达式同式（2.1.6）。

2.2 雷达电磁波在大气波导条件下的正向传播模型

为了将雷达海杂波回波功率用于大气波导反演，就需要分析大气波导对雷达电磁波传播的影响。电磁波传播的基础理论是麦克斯韦方程，但是在远距离、复杂环境中难以求得麦克斯韦方程的解析解，目前可以简化求解的模型有抛物方程（parabolic equation，PE）、波导模和几何光学方法。然而，由

于后两种方法在雷达海杂波反演技术上的局限性，以及抛物方程在任何传播距离、任意大气环境下都有效的特性，本书选择抛物方程方法作为雷达电磁波传播模型求解方法。

2.2.1　抛物方程方法

利用抛物方程方法分析电磁波传播问题，首先对传播模型作出2个假设：一是将地球表面近似等效为平面；二是电磁波在一个圆锥中围绕一个首选方向（旁轴方向）向前传播，且信号发射源位于圆锥的顶点。由此可得到亥姆霍兹波动方程：

$$\frac{\partial^2 \phi(x,z)}{\partial x^2} + \frac{\partial^2 \phi(x,z)}{\partial z^2} + k^2 n^2 \phi(x,z) = 0 \tag{2.2.1}$$

式中，$\phi(x,z)$ 为在水平或垂直极化条件的电场或磁场；x 为旁轴距离；z 为垂直高度；k 为自由空间电磁波波数，取值为 $k = 2\pi/\lambda$；n 为大气折射指数。

为进一步得到抛物方程的函数方程，引入与 x 相关的波函数 $v(x,z)$，表示为

$$v(x,z) = \frac{\phi(x,z)}{e^{ikx}} \tag{2.2.2}$$

将波函数 $v(x,z)$ 代入亥姆霍兹方程，可得

$$\frac{\partial^2 v}{\partial x^2} + \frac{\partial^2 v}{\partial z^2} + 2ik\frac{\partial v}{\partial x} + k^2(n^2 - 1)v = 0 \tag{2.2.3}$$

对式（2.2.3）进一步化简，可得

$$\left\{ \left[\frac{\partial}{\partial x} + ik(1+P) \right] \left[\frac{\partial}{\partial x} + ik(1-P) \right] \right\} v = 0 \tag{2.2.4}$$

式中，P 为微分算子，表达式为

$$P = \sqrt{1+z} \tag{2.2.5}$$

$$Z = \frac{1}{k^2}\frac{\partial^2}{\partial z^2} + (n^2 - 1) \tag{2.2.6}$$

由式（2.2.4）可知，波函数 $v(x,z)$ 有 2 个满足微分方程的线性无关解，取值为

$$\frac{\partial u}{\partial x} = -ik(1-P)u \tag{2.2.7}$$

$$\frac{\partial v}{\partial x} = -ik(1+P)v \tag{2.2.8}$$

式（2.2.7）和式（2.2.8）分别对应于 x 方向的前向传播的电磁波和后向传播的电磁波，即前向抛物方程和后向抛物方程。在具体应用中，式（2.2.8）对应于后向传播的电磁波经常被忽略，对式（2.2.7）进行精确求解可得到前向传播电磁波的传播方程：

$$v(x+\Delta x,z) = e^{ik\Delta x(-1+P)}v(x,z) \tag{2.2.9}$$

式中，Δx 为 x 方向上的步长距离。

再对微分算子 P 进行一阶泰勒展开，可得 $P = \sqrt{1+z} \approx 1+z/2$，于是可得前向传播电磁波的标准抛物方程：

$$\frac{\partial v(x,z)}{\partial x} = \frac{ik}{2}\left[\frac{1}{k^2}\frac{\partial^2}{\partial z^2} + (n^2-1)\right]v(x,z) \tag{2.2.10}$$

数值求解抛物方程的方法主要有 3 类：有限元法、有限差分法和分步傅里叶变换法（split-step Fourier transform，SSFT）。虽然 3 种算法各有优缺点，但是对于电磁波在对流层远距离传播的求解问题，SSFT 算法被证明是最稳定和最有效的方法。因此，本书采用 SSFT 算法进行电磁波的抛物方程求解。

对式（2.2.9）用 SSFT 算法计算，可以得到一对傅里叶变换对：

$$v(x,z) = \Im^{-1}\left[V(x,p)\right] = \frac{1}{2\pi}\int_{-\infty}^{\infty}V(x,p)e^{ipz}\mathrm{d}p \tag{2.2.11}$$

$$V(x,p) = \Im\left[v(x,z)\right]\int_{-\infty}^{\infty}v(x,z)e^{-ipz}\mathrm{d}z \tag{2.2.12}$$

式中，p 为波数谱变量，取值为 $p = k\sin\alpha$，α 为传播方向与水平方向之间的夹角。

于是标准方程的 SSFT 算法的具体求解函数表达式为

$$u(x+\Delta x,z)=exp\left[ik(n^2-1)\frac{\Delta x}{2}\right]\mathfrak{I}^{-1}\left\{\exp(-ip^2\frac{\Delta x}{2k})\mathfrak{I}\left[u(x,z)\right]\right\} \quad (2.2.13)$$

2.2.2　初始场与边界条件

1. 初始场

初始场是分步傅里叶变换法整个求解过程的基础，因此初始场的确立非常重要。由镜像理论可知，天线的初始场可表示为

$$V(0,p)=\text{Norm}\left[f(p)e^{-iph_0}+|\varepsilon|f(-p)e^{iph_0}\right] \quad (2.2.14)$$

式中，Norm 为归一化因子，h_0 为天线高度，ε 为海面反射系数，$f(p)$ 为天线方向图函数。

对式（2.2.14）进行傅里叶逆变换，可得天线的初始场 $v(0,z)$，表达式为

$$v(0,z)=\text{Norm}\left[A(z-h_0)+|\varepsilon|A^*(z+h_0)\right] \quad (2.2.15)$$

式中，$A(z)$ 为天线口径场，可由天线方向图函数 $f(p)$ 经过傅里叶逆变换得到。

$$A(z)=\frac{1}{2\pi}\int_{-\infty}^{+\infty}f(p)e^{ipz}\mathrm{d}p \quad (2.3.16)$$

2. 边界条件

数值求解抛物方程时需要满足一定的边界条件，海平面边界通常被看成阻抗边界，且需满足 Leontovich 边界条件：

$$\frac{\partial v(x,z)}{\partial z}+\delta\cdot v(x,z)=0,z=0 \quad (2.2.17)$$

式中，δ 表示阻抗系数，表达式为

$$\delta=ik\sin\theta\left(\frac{1-R}{1+R}\right) \quad (2.2.18)$$

式中，θ 为电磁波掠射角。

在实际应用中，海洋表面均为粗糙海面，因此要利用 Kirchhoff 近似法对反射系数 ε 进行修正，可得粗糙海表面的反射系数 ε_e，表达式为

$$\varepsilon_e = \rho\varepsilon \tag{2.2.19}$$

式中，ρ为粗糙度衰减因子，表达式为

$$\rho = \int_{-\infty}^{+\infty} \exp\left(2ik\xi\sin\theta\right)P(\xi)\mathrm{d}\xi \tag{2.2.20}$$

式中，$P(\xi)$为海浪高度ξ的概率密度函数。

Miller-Brown 模型是目前常用的求解粗糙海表面有效反射系数的近似模型，具体表达式为

$$\varepsilon_e = \exp\left(-\frac{\gamma^2}{2}\right)I_0\left(\frac{\gamma^2}{2}\right)\varepsilon \tag{2.2.21}$$

式中，I_0为第一类零阶修正 Bessel 函数，γ为 Rayleigh 粗糙度参数。

γ的表达式为

$$\gamma = 2k\hat{h}\sin\theta \tag{2.2.22}$$

式中，$\hat{h}$为海表面均方根高度，取值为$0.0051w^2$（w为风速）。

2.2.3 雷达电磁波在大气波导条件下的传播损耗

传播损耗L能体现雷达电磁波在大气波导条件下的陷获特性，通常传播损耗由自由空间的传播损耗L_f和介质传播损耗L_F两部分组成。

自由空间传播损耗L_f可以表示为

$$L_f = 10\lg\frac{P_t}{P_r} \tag{2.2.23}$$

式中，P_t为雷达的发射功率，P_r为雷达的接收功率。根据经典雷达距离方程，二者存在下述关系：

$$P_r = \left(\frac{\lambda}{4\pi x}\right)^2 P_t \tag{2.2.24}$$

于是，可得

$$L_f = 10\lg\frac{P_t}{P_r} = 32.45 + 20\lg f + 20\lg x \tag{2.2.25}$$

式中，f 为雷达工作频率，x 为电磁波传播距离。

介质传播损耗 L_F 与电磁波在大气波导条件下的传播因子 F 相关，关系为

$$L_F = 20 \lg F, \quad F = \sqrt{x} \left| v(x,z) \right| \tag{2.2.26}$$

所以，雷达电磁波在大气波导条件下的单程传播损耗 L 为 L_f 与 L_F 之和。

2.3 大气波导条件下雷达电磁波传播特性分析

为进一步验证大气波导环境对雷达电磁波传播的影响，本节利用 MATLAB 仿真大气波导环境，区分蒸发波导、表面波导和抬升波导三种大气波导，分析雷达电磁波在 3 种不同类型的波导条件下的传播特性。本书以 X 波段雷达为例进行分析，其他波段雷达分析方法与此相同。仿真雷达参数如表 2.2。

表 2.2 仿真雷达参数

参数	取值
工作频率/MHz	9 500
极化方式	HH、VV
天线高度/m	75
天线仰角/°	0
波束宽度/°	1.2

为了对比 3 种大气波导条件和天线的两种极化方式对雷达电磁波传播的影响，首先分别给出标准大气环境下雷达电磁波在水平极化天线和垂直极化天线条件下的传播损耗分布，如图 2.3 所示。

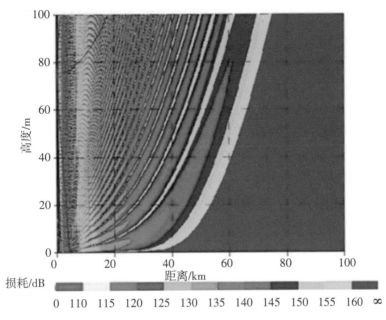

（a）水平极化天线

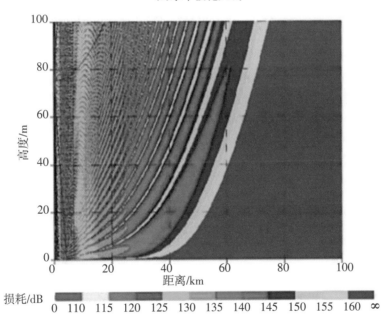

（b）垂直极化天线

图2.3　标准大气条件下的传播损耗

可以看出，雷达电磁波的传播损耗在标准大气环境中随着传播距离的增加而迅速增加，并且天线的极化方式在标准大气环境中对雷达电磁波的传播损耗几乎没有影响。

2.3.1 蒸发波导

为分析雷达电磁波在蒸发波导条件下的传播损耗，建立蒸发波导模型，如图2.4所示。

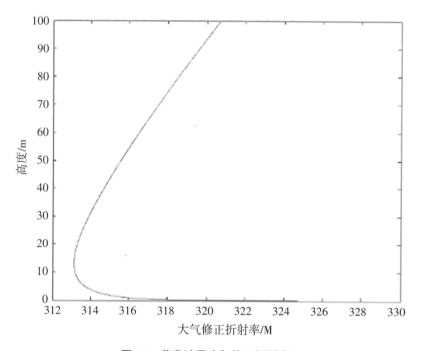

图2.4 蒸发波导大气修正折射率剖面

由抛物方程算法可以求得雷达电磁波在当前蒸发波导条件下的传播损耗，如图2.5所示。

从图2.3和图2.5可以看出两点：一是雷达电磁波在蒸发波导和标准大气条件下的传播损耗有明显不同，二是雷达天线的极化方式对于雷达电磁波在蒸发波导条件下的传播损耗的影响几乎相同。

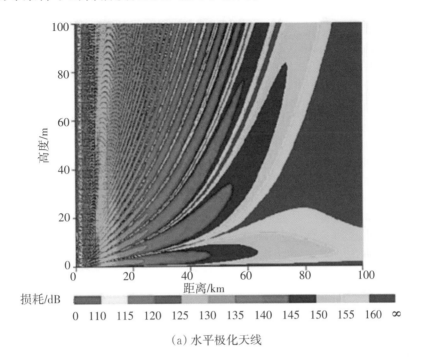

（a）水平极化天线

（b）垂直极化天线

图2.5　蒸发波导条件下的传播损耗

2.3.2 表面波导

1. 无基础层的表面波导

根据式（2.1.6）构建波导模型，如图2.6所示。

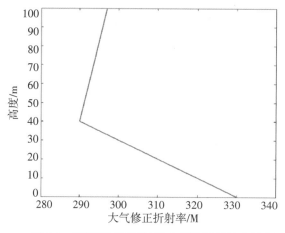

图2.6 无基础层表面波导大气修正折射率剖面

由抛物方程可以求得电磁波在当前波导条件下的传播损耗，如图2.7所示。

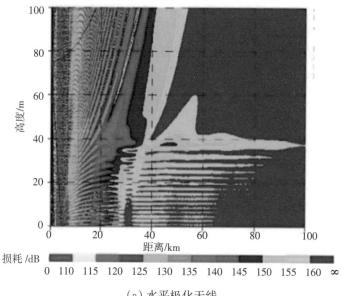

（a）水平极化天线

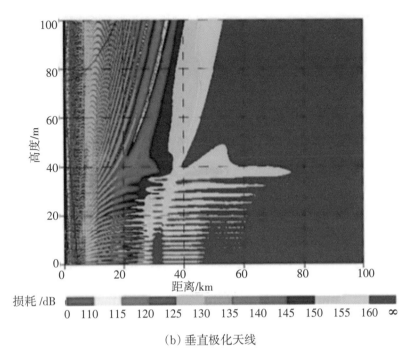

（b）垂直极化天线

图2.7　雷达电磁波在无基础层表面波导条件下的传播损耗

2. 有基础层的表面波导

波导模型构建如图2.8所示，雷达电磁波传播损耗如图2.9所示。

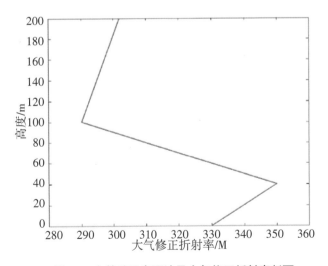

图2.8　有基础层表面波导大气修正折射率剖面

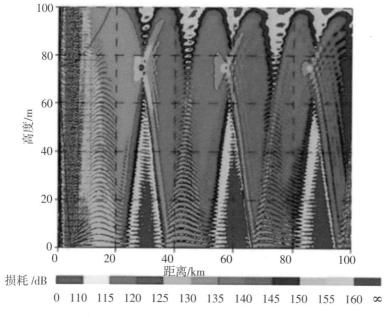

（a）水平极化天线

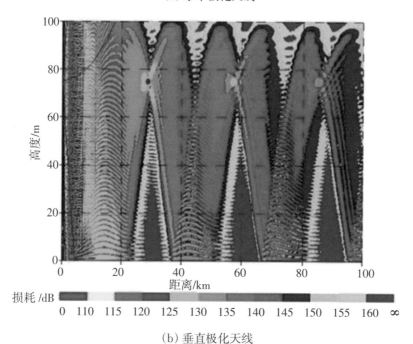

（b）垂直极化天线

图2.9　有基础层表面波导条件下的传播损耗

综合雷达电磁波在两个类型表面波导条件下的传播损耗图可以看出，在两种天线极化方式条件下，电磁波在表面波导和标准大气环境中传播特性存在较大差异，因此垂直极化方式与水平极化方式的对海探测雷达都可用于海杂波反演表面波导。

2.3.3　抬升波导

当表面波导的陷获层上移，波导基底逐渐增高就形成了抬升波导。根据式（2.1.6）构建抬升波导模型，如图 2.10 所示。由于雷达海杂波反演技术重点关注低高度的雷达电磁波传播损耗，抛物方程方法在计算传播损耗时对张角的限制对本书影响较小，则可以通过抛物方程方法计算雷达电磁波在抬升波导条件下的传播损耗，如图 2.11 所示。

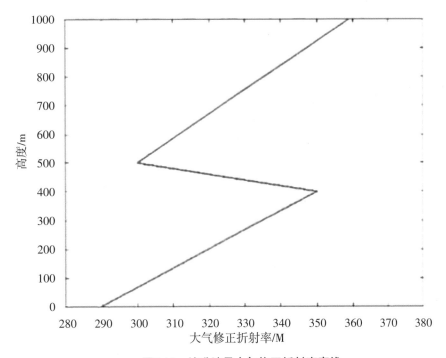

图 2.10　抬升波导大气修正折射率廓线

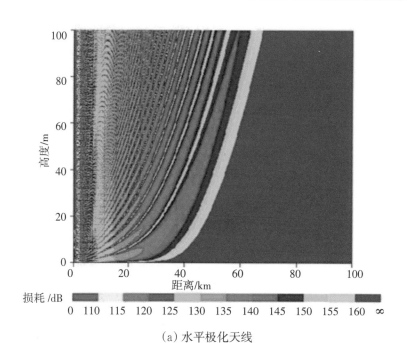

（a）水平极化天线

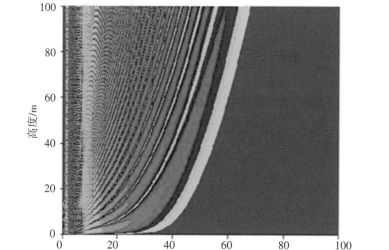

（b）垂直极化天线

图2.11　抬升波导条件下的传播损耗

从图2.3和图2.11可以看出，由于抬升波导的波导层底高度 h_b 远高于雷达的架设高度，雷达电磁波在抬升波导和标准大气环境下的传播损耗略有区别，但总体来说仍与标准大气环境下的传播损耗区别不大，这表明抬升波导对雷达电磁波的传播有一定影响，但不是很明显。

综上可知，雷达海杂波反演技术可以用来反演蒸发波导和表面波导，而不便于反演抬升波导，并且天线的极化方式对于雷达电磁波的传播损耗几乎没有影响。

2.4　基于各向异性湍流影响的大气波导改进模型

第2.3节分析了大气波导条件下电磁波的传播特性，但是在实际环境中，电磁波的传播损耗与理论值存在较大偏差。利用模型诊断技术，由蒸发波导A模型计算得到的大气修正折射率廓线和由气象数据得到的大气修正折射率廓线（实测廓线）如图2.12所示，将两者分别代入抛物方程计算传播损耗，如图2.13所示。

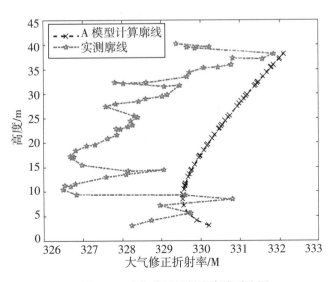

图2.12　大气修正折射率廓线对比图

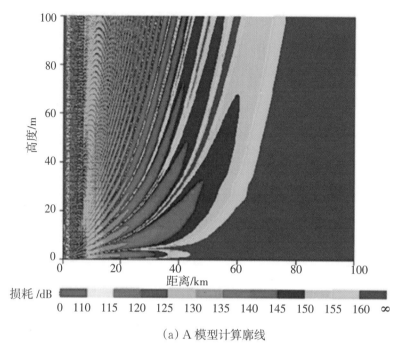

（a）A 模型计算廓线

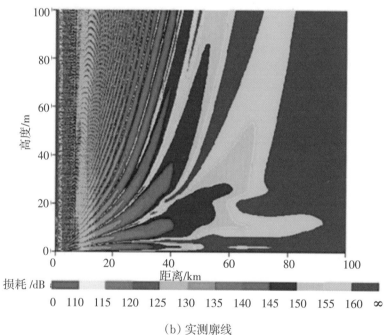

（b）实测廓线

图2.13 传播损耗对比图

图2.13（a）中，电磁波传播损耗为由蒸发波导A模型计算的大气修正

折射率廓线得到的；图 2.13（b）中，电磁波传播损耗为由气象数据计算的大气修正折射率廓线得到的。从图 2.13 中可以看出模型计算得到的传播损耗与实测得到的传播损耗部分相同，但是仍存在明显区别。其主要原因在于当前的蒸发波导模型所计算的廓线为理想状态下的廓线，忽略了常规气象要素外的海洋大气环境因素，尤其是大气湍流现象。大气湍流是海洋上空大气最显著的特征，对海面与大气间的动量传递、热量传输、水汽转换和物质传递起着主要作用。大气湍流是蒸发波导的主要形成原因之一，近年来研究表明，近地层大气湍流效应会引起雷达电磁波传播损耗的随机变化，并通过试验验证了考虑各向同性湍流影响下的大气修正折射率，对舰载雷达等的探测性能有一定影响，有研究者认为有必要考虑大气湍流在垂直方向和水平方向上的各向异性，并给出了考虑湍流在各向异性条件下一维科尔莫戈罗夫谱的计算方法，但未对其进行具体解析和数据分析，因此考虑各向异性湍流对大气折射率的脉动影响，对构建蒸发波导模型有重要意义。

2.4.1　各向异性大气湍流模型

基于各向异性湍流效应下的大气修正折射率 M_f，可以通过瞬变大气折射指数 n_f 表示

$$M_f(z) = M(z) + n_f(z) \times 10^6 \tag{2.4.1}$$

式中，M 为由蒸发波导模型计算得到的大气修正折射率，n_f 的表达式为

$$n_f = \frac{r - 0.5}{0.408} \sqrt{V_n(k)} \tag{2.4.2}$$

式中，r 为 0~1 的均匀分布的随机数，$V_n(k)$ 为湍流谱函数，一维科尔莫戈罗夫谱表示如式（2.4.3）。

$$V_n(k) = 0.249 C_n^2 k^{-\frac{5}{3}} \tag{2.4.3}$$

$$k = 2\pi/L_s, l_0 < L_s < L_0 \tag{2.4.4}$$

式中，k 为湍流波数，l_0、L_0 分别为湍流内尺度和外尺度。湍流的内尺度为

1~10mm，外尺度为10~100m，在实际的电波传播计算中，需要考虑电磁波波长 λ、电磁波的传播路径长度 r_{PE} 和离地高度 z，因此 L_s 的取值表达式为

$$L_s = \min(0.4z, \sqrt{\lambda r_{\text{PE}}}) \tag{2.4.5}$$

如果考虑大气湍流在垂直方向和水平方向上的各向异性，需要引入比例系数 $\alpha = L_z/L_{/\!/}$，L_z 和 $L_{/\!/}$ 分别为湍流外尺度在垂直方向与水平方向的分量。此时 $V_n(k)$ 表示为

$$V_n(k) = (2\pi)^2 \frac{\Gamma\left(\frac{1}{2}\right)\Gamma\left(\frac{4}{3}\right)}{\Gamma\left(\frac{11}{6}\right)} \alpha^{-\frac{8}{3}} \frac{0.033C_n^2}{(L_z^{-2}+k_z^2)^{4/3}} \tag{2.4.6}$$

式中，$\Gamma(\cdot)$ 表示 Gamma 函数，k_z 表示垂直方向上的湍流波数，C_n^2 为描述大气折射指数起伏特性的结构常数。C_n^2 与折射指数起伏方差 σ_n 存在如下关系：

$$C_n^2 \approx 1.91\sigma_n^2 L_0^{-2/3} \tag{2.4.7}$$

2.4.2 大气修正折射率廓线

蒸发波导 A 模型是由 Babin 等学者提出的蒸发波导模型，并通过试验得出了 A 模型的计算精度高于 MGB 和 PJ 模型的结论，因此本书选择由蒸发波导 A 模型进行大气修正折射率廓线的计算。

近地层内位温 θ、比湿 q 的垂直廓线可以表示为

$$\theta(z) - \theta(z_{0t}) = \frac{\theta_*}{\kappa}\left[\ln\left(\frac{z}{z_{0t}}\right) - \psi_\theta\left(\frac{z}{L}\right)\right] \tag{2.4.8}$$

$$q(z) - q(z_{0q}) = \frac{q_*}{\kappa}\left[\ln\left(\frac{z}{z_{0q}}\right) - \psi_q\left(\frac{z}{L}\right)\right] \tag{2.4.9}$$

式中，θ_* 和 q_* 是位温 θ 和比湿 q 的特征尺度，κ 是 von Karman 常数，z 为海拔高度，z_{0q} 和 z_{0t} 分别是比湿和温度的粗糙度高度，ψ_q 和 ψ_θ 分别是比湿和位温的普适函数（$\psi_\theta = \psi_q$），L 为莫宁-奥布霍夫长度，$q(z)$ 和 $\theta(z)$ 分别是海拔 z 处的比湿和位温，$q(z_{0q})$ 和 $\theta(z_{0t})$ 分别是粗糙度高度的比湿和位温。

蒸发波导 A 模型用比湿和位温的普适函数和特征尺度代替比湿和位温的垂直梯度，表达式为

$$\frac{dN}{dz} = A + B\frac{\theta_* \psi_\theta}{\kappa z} + C\frac{q_* \psi_q}{\kappa z} = A + \frac{\psi_\theta}{\kappa z}(B\theta_* + Cq_*) \tag{2.4.10}$$

式中，系数 A、B 和 C 的计算方法可参考相关文献，N 为大气折射率。

将波导高度 z_h 处的折射率梯度关系代入式（2.4.10）可得

$$-0.157 = A + \frac{\psi_\theta(z_h/L)}{\kappa z_h}(B\theta_* + Cq_*) \tag{2.4.11}$$

则

$$\frac{(-0.157 - A)z_h}{\psi_\theta(z_h/L)} = \left(\frac{B\theta_*}{\kappa} + \frac{Cq_*}{\kappa}\right) \tag{2.4.12}$$

将式（2.4.12）代入式（2.4.10）可得

$$\frac{dN}{dz} = A + \frac{\psi_\theta(z/L)}{z} \cdot \frac{(-0.157 - A)z_h}{\psi_\theta(z_h/L)} \tag{2.4.13}$$

由大气折射率 N 与大气修正折射率 M 满足如下关系：

$$M = N + 0.157z \tag{2.4.14}$$

可得

$$\frac{dM}{dz} = \frac{dN}{dz} + 0.157 = A + \frac{\psi_\theta(z/L)}{z} \cdot \frac{(-0.157 - A)z_h}{\psi_\theta(z_h/L)} + 0.157 \tag{2.4.15}$$

分别求式（2.4.15）两边的积分便可得到大气修正折射率廓线。为便于研究，Babin 定义位温的稳定度修正函数，表达式如（2.4.16），并给出不同稳定层结对应的普适函数和修正函数，其中稳定度 ζ 表示如下：

$$\zeta = \frac{\kappa z_6 g(\theta_* + 0.61T_6 q_*)}{T_6 u_*^2} \tag{2.4.16}$$

式中，κ 为卡曼常数；g 为重力加速度；z_6 为测量高度 6m；T_6 为测量高度处的绝对温度；u_*、θ_*、q_* 分别表示风速、位温和比湿的特征尺度，在海洋近地层环境中，这些特征尺度可以认为是与高度无关的量。

稳定层结或中性层结，即 $\zeta \geqslant 0$。

$$\begin{cases} \psi_u = -5\zeta \\ \psi_\theta = -5\zeta \\ \phi_\theta = 1 + 5\zeta \end{cases} \tag{2.4.17}$$

式中，ϕ_θ 为位温的无量纲化梯度函数，ψ_u、ψ_θ 分别为风速和位温的稳定度修正函数。

不稳定层结，即 $\zeta < 0$。

$$\begin{cases} \psi_u = f_f \psi_{uk} + (1 - f_f) \psi_k \\ \psi_\theta = f_f \psi_{\theta k} + (1 - f_f) \psi_k \\ \phi_\theta = \dfrac{f_f}{z_{p\theta}} + \dfrac{(1 - f_f)}{z_{pg}} \end{cases} \tag{2.4.18}$$

其中，

$$\psi_{uk} = 2\ln\left[(1 + z_{pu})/2\right] + \ln\left[(1 + z_{pu}^2)/2\right] - 2\arctan(z_{pu}) + \frac{\pi}{2} \tag{2.4.19}$$

$$z_{pu} = (1 - 16\zeta)^{\frac{1}{4}} \tag{2.4.20}$$

$$\psi_{\theta k} = 2\ln\left[(1 + z_{p\theta})/2\right] \tag{2.4.21}$$

$$z_{p\theta} = (1 - 16\zeta)^{\frac{1}{2}} \tag{2.4.22}$$

$$\psi_k = 1.5\ln\frac{(z_{pg}^2 + z_{pg} + 1)}{3} - \sqrt{3}\arctan\left[(2z_{pg} + 1)/\sqrt{3}\right] + \frac{\pi}{\sqrt{3}} \tag{2.4.23}$$

$$z_{pg} = (1 - 12.87\zeta)^{\frac{1}{3}} \tag{2.4.24}$$

$$f_f = \frac{1}{1 + \zeta^2} \tag{2.4.25}$$

利用上述公式，可以求出大气修正折射率廓线。

2.4.3 参数分析及试验检测

本节将通过下列步骤，对考虑各向异性湍流影响的蒸发波导模型进行参数分析与试验检测。首先，数值模拟瞬变大气折射指数，分析考虑各向异性湍流的一维科尔莫戈罗夫谱函数中各参数对瞬变大气折射指数的影响；其次，分析对比蒸发波导模型预测与实测大气修正折射率廓线；最后，结合前两步试验结论，对一维科尔莫戈罗夫谱函数中部分参数进行修正，得到考虑各向异性湍流影响下的蒸发波导模型，并由试验验证基于各向异性湍流影响下的蒸发波导改进模型的预测性能。

2.4.3.1 各向异性湍流模型分析

由第2.4.1节理论可知，考虑各向异性湍流效应下的大气修正折射率M_f仅受随机数r和比例系数α的影响，下面通过模拟仿真，分析随机数r和比例系数α对考虑各向异性湍流效应下的大气修正折射率M_f的影响规律。

对一个不考虑湍流影响的大气修正折射率廓线，选取3组相同维度的随机数r，其中第1组r全为0，第2组r全为1，第3组r为服从0～1区间均匀分布的随机数，对3组随机数r分别求当α为1：1、1：5、1：10、1：20和1：30时的大气修正折射率M_f，结果如图2.14所示。

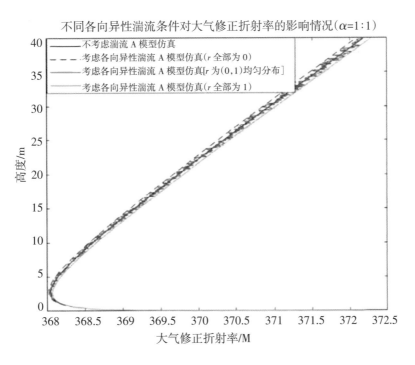

(a) α为1：1

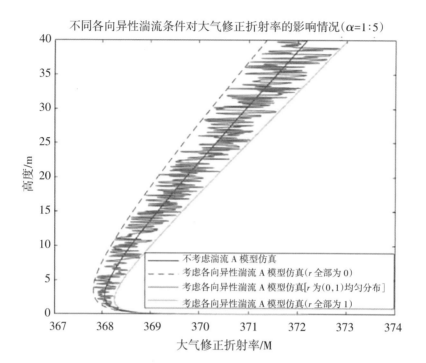

（b）α为1∶5

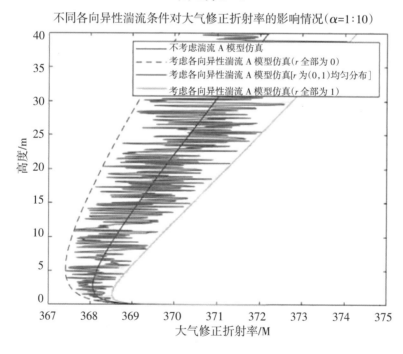

（c）α为1∶10

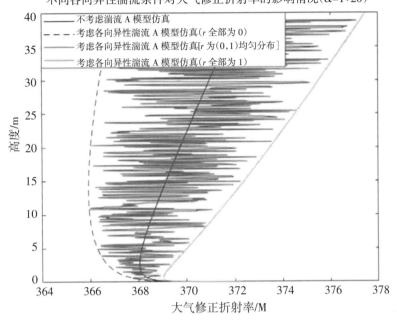

(d) α 为 1∶20

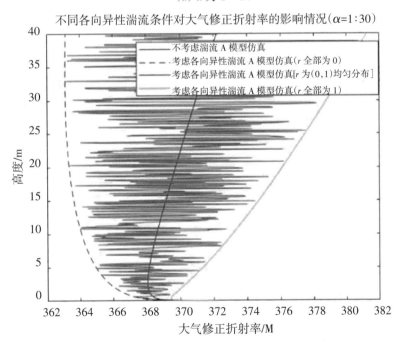

(e) α 为 1∶30

图2.14 r和α的取值不同对大气修正折射率的影响

再将第 3 组服从 0~1 之间均匀分布的随机数 r 变换 4 次进行仿真，分别计算 7 次试验中考虑各向异性湍流影响的大气修正折射率 M_f 和不考虑湍流效应的大气修正折射率 M 之间的平均误差和均方根误差（RMSE）。其中，平均误差和 RMSE 计算方法如式（2.4.26）和式（2.4.27）所示，结果分析如表2.3 和表 2.4 所示。

$$平均误差 = \frac{1}{n}\big[M_f(i) - M(i)\big] \tag{2.4.26}$$

$$\mathrm{RMSE} = \sqrt{\frac{1}{n}\sum_{i=1}^{n}\big[M_f(i) - M(i)\big]^2} \tag{2.4.27}$$

式中，M_f 为考虑各向异性湍流效应下的大气修正折射率，M 为由蒸发波导模型计算得到的大气修正折射率，n 为每条大气修正折射率廓线中的样本总数。

表 2.3　M_f 和 M 的平均误差 /M

	$r = 0$	r_1	r_2	r_3	r_4	r_5	$r = 1$
$\alpha = 1 : 1$	−0.065 0	0.001 3	−0.002 1	0.002 6	−0.000 1	−0.003 5	0.065 0
$\alpha = 1 : 5$	−0.55	0.011 3	−0.018	0.022	−0.000 9	−0.030	0.55
$\alpha = 1 : 10$	−1.39	0.029	−0.045	0.056	−0.002 3	−0.075	1.39
$\alpha = 1 : 20$	−3.50	0.072	−0.11	0.14	−0.005 9	−0.19	3.50
$\alpha = 1 : 30$	−6.01	0.12	−0.20	0.24	−0.01	−0.32	6.01

表 2.4　M_f 和 M 的均方根误差 /M

	$r = 0$	r_1	r_2	r_3	r_4	r_5	$r = 1$
$\alpha = 1 : 1$	0.068	0.040	0.041	0.040	0.040	0.039	0.068
$\alpha = 1 : 5$	0.59	0.34	0.35	0.34	0.34	0.33	0.59
$\alpha = 1 : 10$	1.47	0.86	0.87	0.85	0.86	0.83	1.47
$\alpha = 1 : 20$	3.71	2.16	2.20	2.15	2.17	2.09	3.71
$\alpha = 1 : 30$	6.38	3.7	3.78	3.69	3.72	3.59	6.38

通过上述仿真分析，可知：

（1）考虑各向异性湍流效应的大气修正折射率廓线，在 $r=0$ 和 $r=1$ 之间随机抖动。

（2）随机数 r 是唯一影响大气修正折射率的偏移方向的参数，当 r 均值小于0.5，考虑异性湍流效应的大气修正折射率整体小于传统蒸发波导模型大气修正折射率，反之大于传统蒸发波导模型大气修正折射率。

（3）大气修正折射率的偏移量主要受参数 α 影响，受 r 的影响较少。当 r 确定时，随着 α 的减小，偏移量增大，增大程度也逐渐增强；当 α 变大时，r 对偏移量的影响程度逐渐提高。

2.4.3.2 蒸发波导A模型分析

本节利用在黄渤海海域采集的气象数据，通过蒸发波导A模型计算大气修正折射率，总结A模型计算得到的大气修正折射率廓线与实测大气修正折射率廓线之间的误差规律。其中，所使用采集气象数据的探空球及传感器的参数见表2.5，试验场景见图2.15，试验结果见图2.16和表2.6。

表2.5 探空球及传感器参数

传感器	测量范围	精度
气压/hPa	$250 \sim 1\,200$	± 0.3
气温/℃	$-40 \sim 60$	± 0.2
相对湿度/%	$0 \sim 100$	± 3

图2.15 探空球

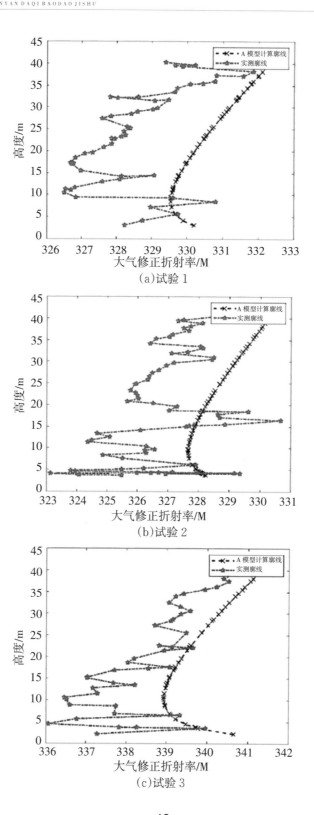

(a)试验1

(b)试验2

(c)试验3

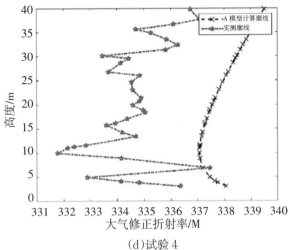

(d)试验 4

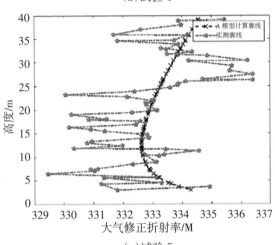

(e)试验 5

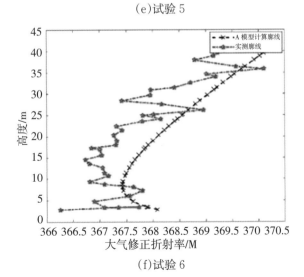

(f)试验 6

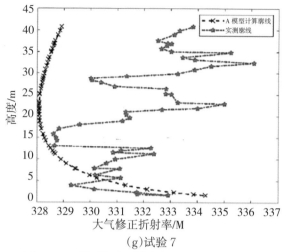

(g)试验7

图2.16　A模型与实测大气修正折射率廓线对比图

表2.6　A模型的稳定度与大气修正折射率误差

试验次数	稳定度ζ	平均误差/M	均方根误差/M
1	−1.997	2.16	2.38
2	−1.851	1.80	2.29
3	−0.694	1.20	1.47
4	−0.334	3.30	3.46
5	−0.186	0.39	1.51
6	−0.075	0.61	0.76
7	−0.012 7	−2.95	3.79

从7组试验可以看出，当稳定度$\zeta<0$时，A模型预测大气修正折射率与实测大气修正折射率的平均误差大于0，应该向左修正；当稳定度ζ趋近于0时，A模型预测大气修正折射率与实测大气修正折射率的平均误差小于0，应该向右修正。

下面引入各向异性湍流模型对A模型进行修正，对比分析考虑各向异性湍流影响下的大气修正折射率与实测大气修正折射率，并讨论基于各向异性湍流影响对蒸发波导A模型修正时，随机数r和比例系数α的取值情况。

2.4.3.3 考虑各向异性湍流影响下蒸发波导 A 模型

本节利用上述 7 组试验进行考虑各向异性湍流影响下蒸发波导 A 模型的分析。首先假设 α 为 $1:1$，第一步，对 7 组试验分别进行多次仿真，其中令试验 7 的随机数 r 满足 $0.5\sim1$ 之间的均匀分布，其他 6 组随机数 r 满足 $0\sim0.5$ 之间的均匀分布，分别得到多组随机数 r，并计算考虑各向异性湍流影响下大气修正折射率与实测大气修正折射率的均方根误差；第二步，固定每一组试验得到的随机数组 r，分别令 α 为 $1:5$、$1:10$、$1:20$ 和 $1:30$ 进行仿真，并计算相应条件下仿真得到的大气修正折射率与实测大气修正折射率的均方根误差，试验结果如图 2.17 所示。

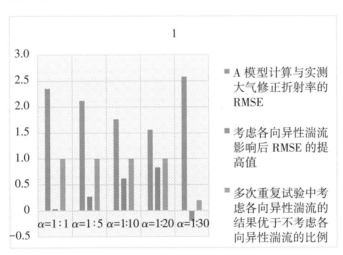

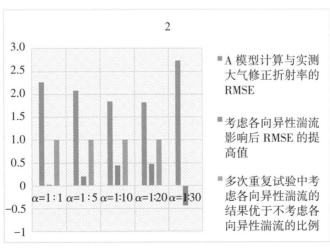

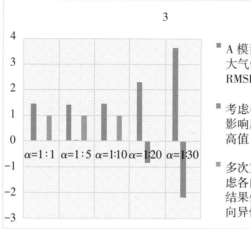

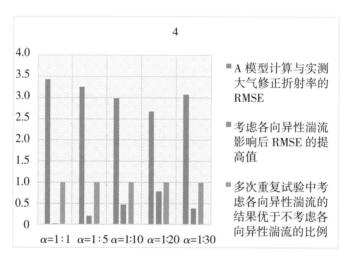

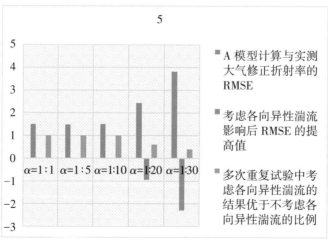

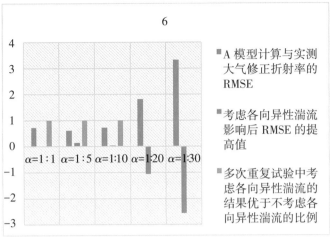

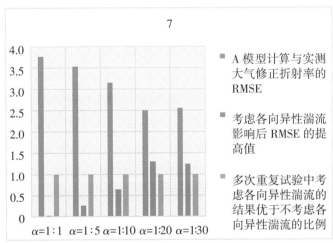

图2.17 考虑各向异性湍流影响的A模型计算与实测值对比图

通过上述试验可以看出，再对随机数 r 进行有效修正后，考虑各向异性湍流影响下A模型的仿真可以有效提高A模型的预测精度。随着比例系数 α 的减小，大气修正折射率的偏移量逐渐增加，但是 α 取值过小会导致考虑各向异性湍流影响下蒸发波导A模型的预测精度下降，例如当比例系数 α 为 1 : 20 和 1 : 30 时，第1、2、3、5、6组试验存在均方根误差增大的情况。

综合分析7组试验，尽管第3、5、6组试验中，当 α 为 1 : 5 时，精度稍好，但 α 为 1 : 10 时计算得到的均方根误差与 α 为 1 : 5 的均方根误差相差不到0.1M，对于现有的传感器来说，差值远小于其灵敏度，可近似认为两者没有区别，由此可以看出，当比例系数α受当前技术手段制约而无法进行测量或计算时，取值为1∶10可以较好地提高考虑各向异性湍流影响下蒸发波导A模型的预测精度，同时也与Ivanov在其研究中提出的湍流外尺度在垂直方向的分量L_z和水平方向上的分量$L_{\parallel}$分别为3m和30m的假设相一致。

综上，在进行考虑各向异性湍流影响下蒸发波导A模型建模时，比例系数α为1∶10，随机数r在不稳定层结条件下将其修正为满足0～0.5区间的均匀分布；在近中性层结下，将其修正为0.5～1区间的均匀分布，采用该修正方法进行蒸发波导预测，其预测精度较好，得到的大气修正折射率与实测大气修正折射率更为接近。

2.5 大气波导参数敏感性分析

上述研究表明，大气波导的存在确实可以影响雷达电磁波在空间中的传播损耗。但是，海杂波反演大气波导问题是一个反向求解问题，并且反问题通常是非适定性问题，而反问题求解适定性的评价标准通常是解的存在性、唯一性和所求解对参数变化的敏感性。因此，有必要研究雷达电磁波传播模型对大气波导参数变化的敏感性，评估每个波导参数对电磁波传播损耗的影响大小，确定雷达海杂波反演技术可以反演哪些波导参数。

2.5.1 基于各向异性湍流影响的蒸发波导模型参数敏感性分析

因为蒸发波导模型的参数有蒸发波导高度h_t、蒸发波导强度ΔM和随机数组r三个参数，因此需要分析电磁波传播损耗对波导高度、波导强度和随机数组r变化的敏感性。

仿真参数：雷达发射频率9.5GHz，天线高度75m，天线极化方式为垂直极化，天线仰角0°。图2.18给出了蒸发波导高度变化时雷达电磁波传播损耗随距离变化的曲线。

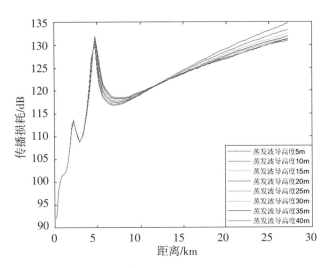

图2.18　传播损耗对蒸发波导高度的敏感性

从图2.18中可以看出，当蒸发波导高度变化时，雷达电磁波的传播损耗对蒸发波导高度的变化敏感，可以用雷达海杂波反演蒸发波导高度。图2.19给出了蒸发波导强度变化时雷达电磁波传播损耗随距离变化的曲线。

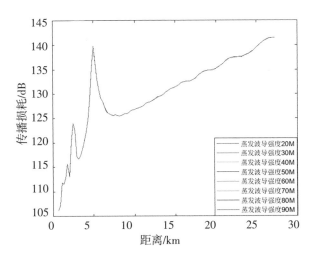

图2.19　传播损耗对蒸发波导强度的敏感性

从图2.19中可以看出，当蒸发波导强度变化时，雷达电磁波的传播损耗没有发生变化，因此雷达电磁波的传播损耗对蒸发波导强度的变化不敏感，无法通过雷达海杂波反演蒸发波导强度。图2.20给出了各向异性湍流模型中不同随机数r与雷达电磁波传播损耗随距离变化的曲线。

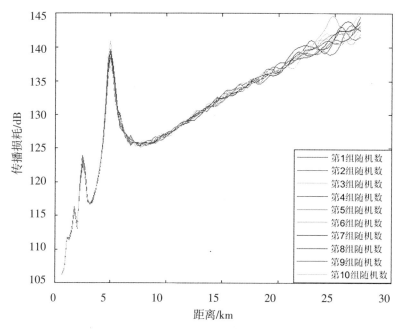

图2.20 传播损耗对随机数组的敏感性

从图2.20中可以看出，随机数r的不同会使得雷达电磁波的传播损耗发生明显变化，因此雷达电磁波的传播损耗对随机数组的变化敏感，可以用雷达海杂波反演随机数r。

2.5.2 表面波导模型参数敏感性分析

本节用雷达电磁波正向传播模型分析表面波导的四参数模型，即式（2.1.6）中各参数的敏感性。仿真参数：雷达发射频率为9.5GHz，天线高度为 75m，天线极化方式为垂直极化，天线仰角为 0°。下面给出了单一波导参数变化时电磁波传播损耗随距离的变化曲线。

1. 波导底层斜率 c_1

当波导层底高度 $h_b = 50\text{m}$，波导层厚度 $z_{\text{thick}} = 50\text{m}$，波导强度 $\Delta M = 50\text{M}$ 时，波导底层斜率变化时，电磁波传播损耗随距离变化的曲线如图 2.21 所示。

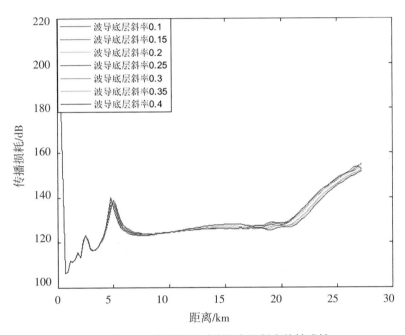

图 2.21　传播损耗对波导底层斜率的敏感性

2. 波导底层高度 h_b

当波导底层斜率 $c_1 = 0.118$，波导层厚度 $z_{\text{thick}} = 50\text{m}$，波导强度 $\Delta M = 50\text{M}$ 时，波导底层高度变化时，电磁波传播损耗随距离变化的曲线如图 2.22 所示。

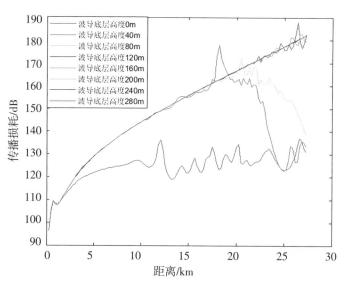

图2.22　传播损耗对波导底层高度的敏感性

3. 波导层厚度 z_{thick}

当波导底层斜率 $c_1 = 0.118$，波导层底高度 $h_b = 50\text{m}$，波导强度 $\Delta M = 50\text{M}$ 时，波导层厚度变化时，电磁波传播损耗随距离变化的曲线如图2.23所示。

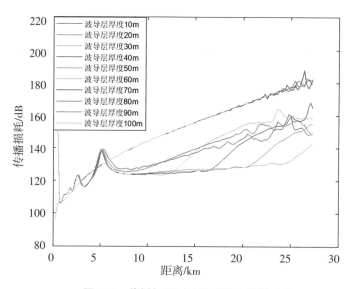

图2.23　传播损耗对波导层厚度的敏感性

4. 波导强度 ΔM

当波导底层斜率 $c_1 = 0.118$，波导层底高度 $h_b = 50\text{m}$，波导层厚度 $z_{\text{thick}} = 50\text{m}$ 时，波导强度变化时电磁波传播损耗随距离变化的曲线如图 2.24 所示。

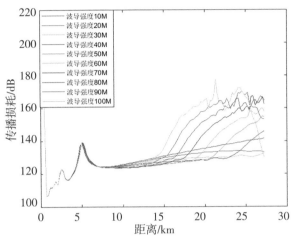

图 2.24　传播损耗对波导强度的敏感性

综上可以看出，雷达电磁波传播损耗对波导基底高度、波导层厚度和波导强度的变化很敏感，随着这 3 个参数的变化，雷达电磁波的传播损耗变化明显；而雷达电磁波对波导底层斜率的变化并不敏感，随着波导底层斜率的改变，雷达电磁波的传播损耗不发生变化。因此，雷达海杂波反演大气波导只能反演波导基底高度、波导层厚度和波导强度三个参数，因此在后续进行正向模型建模时，只需考虑这三个参数的变化即可。

2.6　本 章 小 结

本章主要对雷达电磁波在大气波导条件下的传播特性展开研究。首先介绍对流层大气波导的产生条件及其模型分类，并引入各向异性湍流理论对大气波导模型进行修正；然后推导抛物方程模型，并给出数值求解抛物方程的方法；最后对大气波导条件下雷达电磁波的传播模型进行分析，通过模拟仿真发现，天线的极化方式对雷达电磁波的传播损耗几乎没有影响，并分析传播损耗对每个参数的敏感性，明确了雷达海杂波反演技术只能反演蒸发波导和表面波导，以及雷达海杂波反演表面波导时只需考虑波导基底高度、波导层厚度和波导强度三个参数的变化，反演蒸发波导时需要考虑蒸发波导高度和随机数 r，为后续雷达海杂波反演大气波导的正向建模提供了理论基础。

第3章　海杂波模型构建及实测回波功率的延拓

　　模拟海杂波回波功率计算的准确性直接影响大气波导反演模型训练集的精度，而实测海杂波在距离向和时间上的回波功率范围直接影响雷达海杂波反演大气波导的范围，所以海杂波模型的构建以及实测回波功率的延拓是反演大气波导的关键环节。因此本章分为两个主要部分：第一部分为模拟海杂波回波功率的计算，首先简要介绍海杂波并分析其特征，然后按雷达天线极化方式分析海杂波经验模型，最后得到模拟海杂波回波功率；第二部分为实测回波功率在距离向和时间上的延拓，针对海杂波反演技术受海杂波探测距离和雷达工作模式要求的限制，本章引入滑动加权灰色-马尔科夫模型对实测海杂波功率在距离向和时间上分别进行预测，为第4、5章海杂波反演大气波导研究输入集提供数据支撑。第3章框架图如图3.1所示。

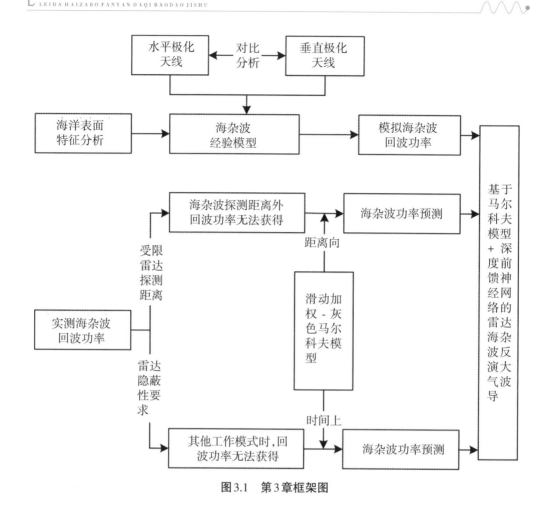

图3.1　第3章框架图

3.1　海杂波模型的构建及其回波功率仿真

　　对海探测雷达在工作时不可避免地会接收到海洋表面的后向散射信号，这就是所谓的海杂波。对于大多数雷达的应用而言，是不希望海杂波出现的，例如对于机载雷达，海杂波不仅会干扰其对海面航行舰船的跟踪监视，还会影响其对掠海飞机和导弹的检测探测；对于舰载雷达，海杂波也会影响其对海、低空目标的跟踪、监视和目标检测。但是，雷达电磁波在传播时会携带低空大气波导的相关信息，这就为海杂波反演大气波导创造了现实条件，并且与直接测量法或模型诊断技术相比，海杂波反演技术具有较高的实时性、便捷性等特点。因此，精准的海杂模型不仅可以减少海杂波对雷达工作的干扰，还可以更加精准地反演大气波导。

3.1.1 海洋表面特征分析

海洋表面并不是一个随机的粗糙表面，而是具有一定特征结构的表面，具体来说，海洋表面是由近似周期性的大尺度波浪和与其叠加的波纹、泡沫及浪花组成的。大尺度波浪通常由风浪和涌浪导致，其中风浪由近处风产生的短峰波的波浪导致，涌浪由远处风产生的接近于正弦波的长波长波浪导致。浪花和泡沫由波浪的干涉形成，波纹由大气湍流产生。

目前通常用风速、有效波高和海况等级等参数对海洋表面特征进行描述，使用较多的主要有以下2种方法。

1. 道格拉斯海况等级表

道格拉斯（Douglas）海况等级表是用波浪高度对海洋表面进行描述的，如表3.1所示。

表3.1 道格拉斯海况等级表

海况等级	描述	风速/kn	有效波高 $h_{1/3}$/ft	风区/n mile	风时/h
1	微浪	<6	<1		
2	小浪	6～12	1～3	50	5
3	中浪	12～15	3～5	100	20
4	大浪	15～20	5～8	150	23
5	强浪	20～25	8～12	200	25
6	巨浪	25～30	12～20	300	27

续表

海况等级	描述	风速/kn	有效波高 $h_{1/3}$/ft	风区/n mile	风时/h
7	狂浪	30~50	20~40	500	30
8	飓浪	>50	>40	700	35

注：1kn=1.852km/h，1ft=0.3048m，1n mile=1.852km。

表3.1中常用术语含义如下：海况，对海洋表面粗糙度的书面或数值描述；有效波高 $h_{1/3}$，海浪中最高浪高度的1/3波浪波谷与顶高的平均值；风区，风向与风速恒定的风所产生海浪的海洋表面区域，其长度以风向上产生的海浪距离长度表示；风时，风向几乎恒定的风作用于风区的时间。

2. 世界气象组织海况标准

世界气象组织（world meteorological organization，WMO）也对海况标准进行了定义，如表3.2所示。

表3.2 WMO海况等级

海况等级	有效波高 $h_{1/3}$/ft	描述
0	0	无风，镜面
1	0~1/3	无风，涟漪
2	1/3~2	平稳，微波
3	2~4	小浪
4	4~8	中浪
5	8~13	大浪
6	13~20	强浪
7	20~30	巨浪
8	30~45	狂浪
9	>45	飓浪

在进行海杂波模型构建时，通常使用道格拉斯海况等级表，本书也使用道格拉斯海况等级表进行海杂波模型构建。

3.1.2 海杂波经验模型

海杂波散射系数 σ^0，是海杂波的基本特征之一，也是计算海杂波回波功率强度的重要物理量。海杂波散射系数主要受以下 3 个因素影响：

（1）海洋大气环境参数，如风向风速、波向波高、洋流湍流、盐雨雾气和大气波导等。

（2）雷达系统参数，如发射频率、极化方式等。

（3）目标观测参数，如分辨单元大小、擦地角等。

目前对海杂波的直接建模有一些进展，但现在实用的海杂波模型仍然是基于不同条件下的试验测量形成的经验模型，使用较多的有 GIT（georgia institutes of technology）模型、TSC（technology service corporation）模型、HYB（hybrid）模型、NRL（naval research laboratory）模型和 SIT（sittrop）模型等经验模型，各种模型的适用条件见表 3.3。

表 3.3 各海杂波经验模型的适用条件

输入参数	GIT模型	TSC模型	HYB模型	NRL模型	SIT模型
适用频率/GHz	1~100	1~100	1~100	1~100	9.3，17
极化方式	HH、VV	HH、VV	HH、VV	HH、VV	HH、VV
擦地角/°	0.1~10	0.1~90	0.1~30	0.1~90	0.2~10
方位角/°	0~180	0~180	0~180	未明确	0，90
海浪参数	平均浪高、风速，或者两者单独输入	海况等级	海况等级	海况等级	风速

输入参数	GIT模型	TSC模型	HYB模型	NRL模型	SIT模型
海浪参数范围	平均浪高0～4m，风速3～30kn	海况等级5级及以下	海况等级5级及以下	海况等级6级及以下	<40kn

下面介绍2个主要使用的经验模型。

1. GIT模型

该模型是在20世纪70年代，由乔治亚理工学院开发。该模型认为干涉因子、风速因子和风向因子共同决定散射系数。下面给出频率1～10GHz范围内的，各因子和散射系数的表达式。

（1）干涉因子G_I。

$$G_I = \sigma_\psi^4 / (1 + \sigma_\psi^4) \tag{3.1.1}$$

式中，σ_ψ为海面粗糙度参数，其表达式为

$$\sigma_\psi = (14.4\lambda + 5.5)\psi h_{av}/\lambda \tag{3.1.2}$$

式中，λ为雷达波长（m），ψ为擦地角（rad），h_{av}为海浪平均高度（m）。

（2）风向因子G_U。

$$G_U = \exp\left\{0.2\cos\varphi(1 - 2.8\psi)(\lambda + 0.015)^{-0.4}\right\} \tag{3.1.3}$$

式中，φ为方位角，即风向与雷达观测方向的夹角（rad）。

（3）风速因子。

$$G_w = \left[1.94 V_w / (1 + V_w/15.4)\right]^{\frac{1.1}{(\lambda + 0.0015)^{0.4}}} \tag{3.1.4}$$

式中，V_w为风速（m/s）。

风速V_w、平均浪高h_{av}和海况等级S的关系如下式：

$$\begin{cases} V_w = 3.16S^{0.8} \\ h_{av} = 0.004\,52 V_w^{2.5} \end{cases} \tag{3.1.5}$$

（4）散射系数σ^0。

水平极化方式：

$$\sigma_{HH}^0 = 10\lg\left(3.9 \times 10^{-6} \lambda \psi^{0.4} G_I G_U G_W\right) \tag{3.1.6}$$

垂直极化方式：

$$\sigma_{VV}^0 = \begin{cases} \sigma_{HH}^0 - 1.73\ln(h_{av}+0.015) + 3.76\ln(\lambda) \\ \quad + 2.46\ln(\psi+0.0001) + 22.22 & ,f < 3GHz \\ \sigma_{HH}^0 - 1.05\ln(h_{av}+0.015) + 1.09\ln(\lambda) \\ \quad + 1.27\ln(\psi+0.0001) + 9.7 & ,3GHz \leqslant f < 10GHz \end{cases} \tag{3.1.7}$$

2. NRL 模型

该模型是通过对 Nathanson 等的实测数据进行拟合得到的，其表达式为

$$\sigma_{HH,VV}^0 = c_1 + c_2\lg\sin\psi + \frac{(27.5+c_3\psi)\lg f}{1+0.95\psi} + c_4(1+S)^{\frac{1}{(2+0.085\psi+0.033S)}} + c_5\psi^2 \tag{3.1.8}$$

式中，$c_1 \sim c_5$ 为固定参数，取值见表3.4。

表3.4 NRL 模型参数

参数	c_1	c_2	c_3	c_4	c_5
水平极化	−73.00	20.78	7.351	25.65	0.005 40
垂直极化	−50.79	25.93	0.709 3	21.58	0.002 11

尽管 NRL 模型相较于 GIT 模型对于擦地角的适用范围更广，但考虑到应用雷达海杂波反演技术的对海探测雷达的天线架高不超过100m，特别是舰载雷达高度更低，因此在进行远距离探测时擦地角不会超过10°。此外，尽管 NRL 模型表达式较为简洁，但未对雷达天线的极化方式予以区分。因此，本书选择 GIT 模型作为海杂波回波功率计算的经验模型。下面对 GIT 模型中相关参数的影响进行仿真分析，如图3.2～图3.5所示。

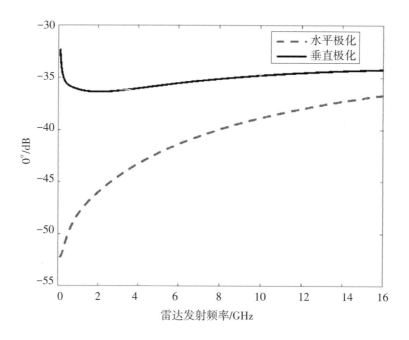

图 3.2　在 3 级海况，$\psi = 5°, \varphi = 180°$ 条件下，σ^0 随雷达频率变化的曲线

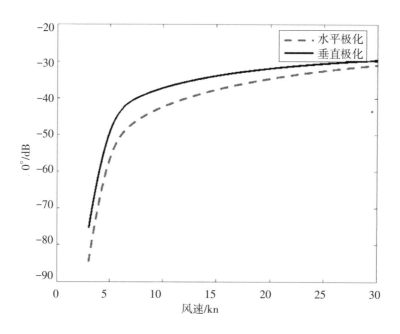

图 3.3　在 3 级海况，$f = 10\text{GHz}, \psi = 5°, \varphi = 180°$ 条件下，σ^0 随风速变化的曲线

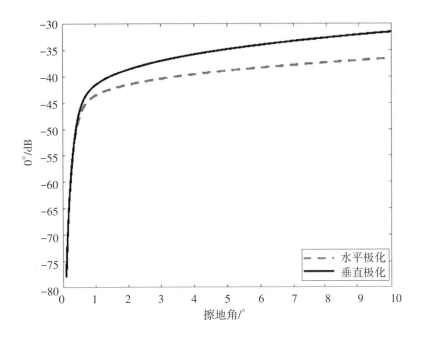

图3.4　在3级海况，$f = 10\mathrm{GHz}$，$\varphi = 180°$ 条件下，σ^0随擦地角变化的曲线

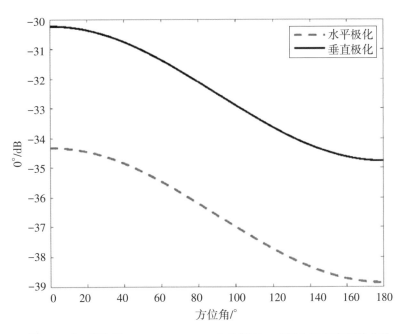

图3.5　在3级海况，$f = 10\mathrm{GHz}$，$\psi = 5°$ 条件下，σ^0随方位角变化的曲线

由图3.2~图3.5可知，雷达天线的极化方式对于海面散射系数 σ^0 有一定影响，整体来说，垂直极化海面散射系数 σ^0 要大于水平极化海面散射系数 σ^0，具体表现为：

（1）随着雷达频率的提高，垂直极化散射系数先快速减少，2GHz时达到拐点而后缓慢增加；水平极化散射系数持续增加，增加速度先快后慢。

（2）随着风速的增加，两种极化方式的散射系数在1级海况（风速小于6kn）急速增加，在其他海况等级平稳增加，当风速接近30kn时，散射系数趋于稳定。

（3）随着擦地角的增加，特别是当擦地角小于1°时，2种极化方式的散射系数基本相等并急剧增加；当擦地角大于1°时，两者增加速率减慢，并且垂直极化散射系数逐渐大于水平极化散射系数。

（4）随着方位角的增加，2种极化方式的散射系数按相同方式平稳减少，顺风时散射系数最高，逆风时散射系数最低，并且垂直极化方式散射系数始终高于水平极化方式散射系数4dB。

3.1.3 海杂波回波功率计算

根据经典雷达方程，雷达接收到的海杂波回波功率可表示为

$$P_r = \frac{P_t G^2 \lambda^2 \sigma F^4}{(4\pi)^3 R^4} \tag{3.1.9}$$

式中，P_t 为雷达发射功率，G 为雷达天线增益，λ 为雷达电磁波波长，σ 为海面雷达散射截面积（RCS），R 为电磁波传播距离，F 为电磁波传播因子。

海面雷达散射截面积可以写成 $\sigma = A_e \sigma^0$。A_e 为雷达分辨率单位面积，可以表示为

$$A_e = R\theta_{3\text{dB}}(c\tau/2)\sec\psi \tag{3.1.10}$$

式中，c 为光速，$\theta_{3\text{dB}}$ 为天线水平波束宽度，ψ 为擦地角，τ 为脉冲宽度。

传播因子F与传播损耗L的关系如下：

$$L = \frac{(4\pi R)^2}{\lambda^2 F^2} \tag{3.1.11}$$

因此，式（3.1.9）可以变换为

$$P_r = \frac{2\pi P_t G^2 \theta_{3\mathrm{dB}} \sigma^0 c\tau \sec\psi}{L^2 \lambda^2} \tag{3.1.12}$$

令

$$C = \frac{2\pi P_t G^2 \theta_{3\mathrm{dB}} c\tau \sec\psi}{\lambda^2} \tag{3.1.13}$$

因此，海杂波回波功率可表示为

$$P_r = \frac{C\sigma^0 R}{L^2} \tag{3.1.14}$$

然后将海杂波回波功率用对数形式表示为

$$P_r' = -2L + \sigma^0 + 10\lg R + 10\lg C \tag{3.1.15}$$

由式（3.1.15）可以看出，雷达天线极化方式的海杂波回波功率仿真时，只在传播损耗L和海面散射系数σ^0发生影响，综合第2.3节和第3.1.2小节，可知雷达天线极化方式的不同对于电磁波传播损耗的计算几乎没有影响，而雷达天线极化方式的不同对于海面散射系数的计算具有明显影响。综上，雷达海杂波反演大气波导时，必须区分雷达天线的极化方式，对于天线极化方式不同的雷达，在计算模拟海杂波功率时需要分开计算，生成2个训练集供雷达海杂波反演大气波导模型进行学习和训练。

3.2 实测海杂波回波功率在距离向的预测

受限于传感器灵敏度或屏显阈值等雷达性能的原因，海杂波探测距离外的回波功率在终端显示屏上数据中断，但是海杂波回波功率不会陡然变为0，一定是缓慢减小到0，因此在海杂波探测距离外仍有回波功率，如果可以获得这段距离的海杂波回波功率就能解决雷达海杂波反演技术无法反演海杂波探测距离外的大气波导的问题。本节针对海杂波功率值是离散距离向的随机数组序列并且远距离的海杂波功率只与其前若干个距离的海杂波功率相关的特点，将其看作具有马尔科夫性质的离散距离的随机过程，并与离散时间的马尔科夫过程具有相同性质。

3.2.1 加权马尔科夫模型

1.马尔科夫过程

马尔科夫过程对于具有无后效性数据序列的问题有着较高的预测精度，其特点为未来的状态只与当前状态相关，而不受过去状态的影响，并且有较高的预测精度，因此对于大多预测问题是首选方法。

经典的马尔科夫过程$\{X_n, n \in T\}$的参数集T是离散的时间集合，而对于海杂波预测来说，由于雷达的探测距离相对于较近，且电磁波以光速传播，可以认为相同路径上的海杂波功率是同一时刻探测得到的，海杂波功率值是离散距离向的随机序列并且具有后一位置的海杂波功率只与其前若干个位置的海杂波功率相关的特点，因此可以将其看作具有马尔科夫性质的离散距离的随机过程，即$\{X_n, n \in S\}$，$S = 0, 1, 2, \cdots$，其相应的X_n可能取值的全体组成的状态空间是离散的状态集$I = \{i_0, i_1, \cdots\}$，并与离散时间的马尔科夫过程具有相同性质。

2.模糊集理论

应用马尔科夫模型预测时发现，前若干个状态也可能对预测的状态有影响。于是，便以各阶自相关系数作为前若干个状态对预测状态的影响权重，然后用各状态加权求和的概率来预测后一个状态，再通过模糊集理论计算其具体取值，因此该模型也称作加权马尔科夫模型。具体建模过程为：

（1）对测量值进行状态分级，并计算概率转移矩阵。

（2）根据全概率公式计算预测值所处的状态。

（3）计算各阶相关系数、各权重因子和状态特征值。

（4）根据状态特征值进行定量预测。

3.2.2　灰色–马尔科夫模型

灰色–马尔科夫模型通过灰色 GM（1，1）模型分析样本元素之间的变化规律，拟合生成规律性较强的数据序列，再经过马尔科夫模型对拟合数据进行预测，而后再由拟合关系将预测值修正，从而提高数据预测的精准度。

1. 灰色 GM（1，1）模型

灰色模型的主要原理是对无规律的原始样本数据 $x_0(s)$，通过累加或累减方法得到一组具有一定规律性的数据 $x_1(s)$，并构建矩阵 B 和向量 $\boldsymbol{y}_n$，具体表达式为

$$B=\begin{bmatrix} -\dfrac{1}{2}\big[x_1(1)+x_1(2)\big] & 1 \\ -\dfrac{1}{2}\big[x_1(2)+x_1(3)\big] & 1 \\ \cdots & \cdots \\ -\dfrac{1}{2}\big[x_1(n-1)+x_1(n)\big] & 1 \end{bmatrix},\ \boldsymbol{y}_n=\begin{bmatrix} x_0(2) \\ x_0(3) \\ \cdots \\ x_0(n) \end{bmatrix} \tag{3.2.1}$$

灰色系统建模过程采用微分拟合法，当前运用较为广泛的灰色模型为 GM（1，1）。具体方法为

$$\frac{\mathrm{d}x_1(s)}{\mathrm{d}s}+ax_1(s)=u \tag{3.2.2}$$

参数 a 为发展系数，u 为灰色作用量。

记系数向量 $\vec{a}=\big[a,u\big]^{\mathrm{T}}$，对其采用最小二乘法进行求解，结果为

$$\vec{a} = (B^T B)^{-1} B^T y_n \qquad (3.2.3)$$

则可得到GM（1，1）模型的时间响应序列为

$$\hat{x}(k+1) = (x_0(1) - u/a)e^{-ak} + u/a, k = 1, 2, \cdots, n \qquad (3.2.4)$$

还原后可得预测值为

$$\hat{x}_0(k+1) = \hat{x}_1(k+1) - \hat{x}_1(k) = (1 - e^a)(x_0(1) - u/a)e^{-ak}, k = 1, 2, \cdots, n \qquad (3.2.5)$$

2. 灰色-马尔科夫模型

原始数据为$x_0(s)$、$\hat{x}_0(s)$为s位置原始数据$x_0(s)$的拟合值，$\hat{x}_0(k)$为k位置根据灰色GM（1，1）模型对拟合值$\hat{x}_0(s)$的预测值。具体建模方法如下：

（1）对残差相对值$[q = (\hat{x}_0(s) - x_0(s))/x_0(s)]$进行状态分级。

（2）计算得到1~5步状态转移概率矩阵，即P，$P^{(2)}$，$\cdots$，$P^{(5)}$，同时可由状态转移矩阵求得残差相对值的预测区间，预测结果如表3.5所示。

表3.5 残差相对值状态预测

初始位置	转移步数	初始状态	状态1	状态2	状态3	状态4	状态5
i_1	1	m_1	$p_{m_1 1}^1$	$p_{m_1 2}^1$	$p_{m_1 3}^1$	$p_{m_1 4}^1$	$p_{m_1 5}^1$
i_2	2	m_2	$p_{m_1 1}^2$	$p_{m_1 2}^2$	$p_{m_1 3}^2$	$p_{m_1 4}^2$	$p_{m_1 5}^2$
i_3	3	m_3	$p_{m_1 1}^3$	$p_{m_1 2}^3$	$p_{m_1 3}^3$	$p_{m_1 4}^3$	$p_{m_1 5}^3$
i_4	4	m_4	$p_{m_1 1}^4$	$p_{m_1 2}^4$	$p_{m_1 3}^4$	$p_{m_1 4}^4$	$p_{m_1 4}^4$
i_5	5	m_5	$p_{m_1 1}^5$	$p_{m_1 2}^5$	$p_{m_1 3}^5$	$p_{m_1 4}^5$	$p_{m_1 5}^5$
合计	—	—	p_1	p_2	p_3	p_4	p_5

（3）由表3.5可以求出k位置的绝对$p_{max}(k) = \max(p_i), i = 1, 2, \cdots, 5$。假设状态$i$的概率最大，即残差相对值处于状态$i$对应区间内，最可能的取值点为该区间的中点。

（4）由灰色GM（1，1）模型可得$x_0(k)$得拟合值$\hat{x}_0(k)$，根据残差相对值计算公式可得原始数据预测值$x_0(k)$，表达式为

$$x_0(k) = \hat{x}_0(k) \Big/ \left[1 + \frac{1}{2}(B_i + T_i) \right] \tag{3.2.6}$$

式中，T_i 和 B_i 分别是 i 状态对应区间的上、下限。

3.2.3 改进灰色-马尔科夫模型

1.加权灰色-马尔科夫模型

传统的灰色 GM（1，1）模型认为前几个位置的残差相对值对预测的残差相对值影响是等价的，然而在实际中，越靠近预测位置的状态对预测结果影响越大，因此为了更准确地预测海杂波回波功率，本书引入了加权灰色 GM（1，1）模型。

在灰色 GM（1，1）模型的基础上，引用模糊集理论对 k 位置的残差相对值进行定量预测，替代区间中点取值方法。根据加权马尔科夫模型理论，可得到 k 阶相关系数 r_k。

$$r_k = \sum_{i=1}^{N-k}(q_i - \bar{q})(q_{i+k} - \bar{q}) \Big/ \sum_{i=1}^{N-k}(q_i - \bar{q})^2 \tag{3.2.7}$$

式中，N 为样本个数。

权重因子 ω_k 计算公式如下：

$$\omega_k = |r_k| \Big/ \sum_{k=1}^{n}|r_k| \tag{3.2.8}$$

式中，n 为相关系数总阶数。

那么，残差相对值的预测区间的概率向量就是不同步长预测向量的加权平均，再求状态特征值 H，可预测出残差相对值的定量结果。

2.滑动加权灰色-马尔科夫模型

在对样本数据进行预测的时候，随着预测值的逐渐增加，远端的原始数据对预测系统的影响会不断降低，因此就失去了相应的参考价值，这样就需要不断地从原始数据中删除远端数据，增加新的预测值以组成新的研究系统，再进行预测计算。滑动灰色 GM（1，1）模型作为灰色 GM（1，1）模型的一种改进模型，就是利用系统的最新信息对系统结构进行优化，其方法为，原始数据 $x_0 = \{x_0(1), x_0(2), \cdots, x_0(n)\}$，通过加权灰色 GM（1，1）模型得到预测值 $x_0(n+1)$，删除远端数据 $x_0(1)$，可得到新的序列 $x_0' = \{x_0(2), x_0(3), \cdots, x_0(n+1)\}$，再根据加权灰色 GM（1，1）模型重新对 x_0' 进行建模求解，得到 $x_0(n+2)$，不断地滑动循环。

3.2.4 模型应用及试验验证

本书采用某型雷达，在黄渤海某海域开展试验，海杂波的回波功率如图 3.6 所示。在图 3.6 中，雷达架设在圆的圆心，圆形区域内颜色的亮度反映了海杂波回波功率的强度，颜色越亮，强度越高。图像中的横纵坐标轴反映雷达的探测范围，每一个位置点代表 2.4m，因此图 3.6（a）表示探测半径为 6km，图 3.6（b）的探测半径是 12km。

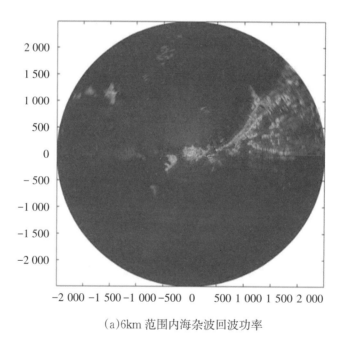

(a)6km 范围内海杂波回波功率

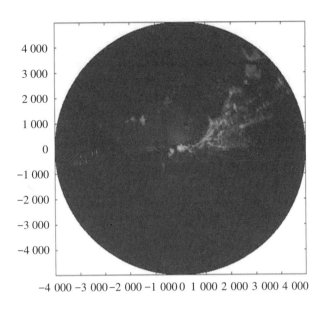

(b)12km 范围内海杂波回波功率

图3.6　实测海杂波回波功率

此外，由图3.6可以看出两点：一是受限于屏显的海杂波探测距离，尽管达到海杂波探测距离后屏显数据突变为0，但是海杂波回波功率不是突变为0，于是随着屏显距离的提升，海杂波探测距离增加后，此前无法显示的回波功率就可以在显示终端进行显示；二是后一位置的回波功率与前一位置的回波功率相关，并且回波功率随着电磁波传播距离的增加而减小。

随机抽取一组相同的试验数据分别用加权马尔科夫模型、灰色-马尔科夫模型、加权灰色-马尔科夫模型和滑动加权灰色-马尔科夫模型对海杂波功率幅度值进行径向外延预测。

1.加权马尔科夫模型

(1)对随机抽取的一组数据每隔10个点（24m）选取1个海杂波功率幅度值，共有200个海杂波功率幅度值作为样本，根据均值（$\bar{x}$）－标准差（σ）状态分级法进行状态划分，见表3.6。其中，均值$\bar{x}=5.26$，标准差$\sigma=1.28$。

表3.6　海杂波功率幅度值状态划分

状态级别	区间范围
1	$x < 3.97$
2	$3.97 \leqslant x < 4.62$
3	$4.62 \leqslant x < 5.90$
4	$5.90 \leqslant x < 6.54$
5	$x \geqslant 6.54$

（2）计算一步转移概率矩阵P、n步转移概率矩阵$P^{(n)}$、各阶相关系数r_k和各阶权重因子ω_k，见式3.2.9和表3.7。

$$P = P^{(1)} = \begin{bmatrix} 0.20 & 0.20 & 0.20 & 0.20 & 0.20 \\ 0.00 & 0.19 & 0.69 & 0.06 & 0.06 \\ 0.00 & 0.27 & 0.61 & 0.10 & 0.02 \\ 0.00 & 0.11 & 0.61 & 0.17 & 0.11 \\ 0.00 & 0.00 & 0.30 & 0.40 & 0.30 \end{bmatrix} \tag{3.2.9}$$

表3.7　各阶自相关系数和权重因子

阶数k	1	2	3	4	5
r_k	0.44	0.18	0.14	0.15	0.11
ω_k	0.43	0.18	0.14	0.14	0.11

（3）根据前5个位置的海杂波功率幅度值及对应的状态转移概率矩阵，即可对下一个点的幅度值所处的状态进行预测，结果如表3.8。

表3.8　加权马尔科夫模型海杂波功率幅度值状态预测

初始位置	转移步数	初始状态	权重因子	状态1	状态2	状态3	状态4	状态5
200	1	5	0.43	0	0.27	0.61	0.10	0.02
199	2	4	0.18	0	0.23	0.62	0.10	0.05
198	3	3	0.14	0	0.22	0.61	0.11	0.06
197	4	2	0.14	0	0.22	0.60	0.12	0.06

初始位置	转移步数	初始状态	权重因子	状态1	状态2	状态3	状态4	状态5
196	5	1	0.11	0	0.22	0.61	0.12	0.05
合计	—	—	—	0	0.24	0.61	0.11	0.04

由表3.8可得 $\max\{p_i, i \in m\} = 0.61$，则可由状态特征值进行定量处理方法得到下一个点的幅度值，结果如表3.9。

表3.9 加权马尔科夫模型海杂波功率幅度值定量预测

状态特征值	预测值	实测值	相对误差
2.90	5.36	5.08	5.5%

2.灰色-马尔科夫模型

（1）将所抽取数据的200个海杂波功率幅度值代入灰色GM（1，1）模型，可得原始数据样本 $x_0(s)$，通过累加得到 $x_1(s)$，并根据式3.2.1得到矩阵 B 和向量 y_n，并计算得到系数向量 $\vec{a} = [a, u]^T$，再根据式（3.2.6）得到下一个点的拟合值。

（2）构建灰色-马尔科夫模型，首先划分残差相对值（q）的状态空间，然后进行残差相对值的状态预测，最后给出下一个点的残差相对值，结果见表3.10～表3.12。

表3.10 残差相对值状态空间划分表

状态	残差相对值区间范围
1	$q < -0.44$
2	$-0.44 \leqslant q < -0.23$
3	$-0.23 \leqslant q < -0.03$
4	$-0.03 \leqslant q < 0.18$
5	$q \geqslant 0.18$

表3.11　灰色–马尔科夫模型残差相对值状态预测

初始位置	转移步数	初始状态	状态1	状态2	状态3	状态4	状态5
200	1	1	0	0.02	0.37	0.52	0.09
199	2	1	0.01	0.01	0.30	0.54	0.14
198	3	2	0.01	0.01	0.28	0.55	0.15
197	4	3	0.01	0.01	0.28	0.55	0.15
196	5	4	0.01	0.01	0.28	0.55	0.15
合计	—	—	0.04	0.04	1.51	2.71	0.68

表3.12　灰色–马尔科夫模型海杂波功率幅度值预测结果

残差相对值	预测值	实测值	相对误差
0.105	4.85	5.08	4.5%

3.改进灰色–马尔科夫模型

加权灰色-马尔科夫模型和滑动加权灰色-马尔科夫模型在对单一位置预测时，建模方法一致；当预测对未来远距离持续预测时，两者有显著区别。

改进灰色-马尔科夫模型即在传统灰色GM（1,1）模型的基础上引入了k阶相关系数（r_k）、权重因子（ω_k）计算公式，根据式（3.2.7）、式（3.2.8）计算可得，残差相对值的k阶相关系数（r_k^q）和权重因子（ω_k^q）如表3.13。

表3.13　改进灰色–马尔科夫模型各阶相关系数和权重因子

阶数k	1	2	3	4	5
r_k^q	0.32	0.17	0.28	0.26	0.20
ω_k^q	0.26	0.14	0.22	0.22	0.16

再求得状态特征值H，即可预测出残差相对值的定量结果，如表3.14和表3.15所示。

表3.14 改进灰色-马尔科夫模型残差相对值状态预测

初始位置	转移步数	初始状态	权重因子	状态1	状态2	状态3	状态4	状态5
200	1	1	0.26	0	0.02	0.37	0.52	0.09
199	2	2	0.14	0.01	0.01	0.30	0.54	0.14
198	3	2	0.22	0.01	0.01	0.28	0.55	0.15
197	4	3	0.22	0.01	0.01	0.28	0.55	0.15
196	5	4	0.16	0.01	0.01	0.28	0.55	0.15
合计	—	—	—	0.01	0.01	0.31	0.54	0.13

表3.15 改进灰色-马尔科夫模型海杂波功率幅度值预测结果

残差相对值	预测值	实测值	相对误差
−0.03	4.91	5.08	3.3%

通过上述的模型应用可以看出，改进灰色-马尔科夫模型对下一个位置的预测值的相对误差从5.5%提高到3.3%，说明改进灰色-马尔科夫模型能提高预测精度。下面分别用上述4个模型对该组数据进行长距离海杂波幅度值预测，对比各模型预测能力，结果见表3.16。

表3.16 4个模型预测精度对比

模型名称	预测步长	平均相对误差
加权马尔科夫模型	100	15.1%
灰色-马尔科夫模型	100	13.4%
加权灰色-马尔科夫模型	100	12.9%
滑动加权灰色-马尔科夫模型	100	9.8%

4.模型适用性分析

（1）样本容量。由于前文只分析了滑动加权灰色-马尔科夫模型选择的样本为实测功率的最后200个功率值时的预测性能，下面对于不同容量的样本分别进行预测分析。结果如表3.17所示。

表3.17 滑动加权灰色–马尔科夫模型性能分析

样本容量	预测步长	平均相对误差
250	100	12.2%
	200	14.0%
	300	16.2%
200	100	9.8%
	200	11.5%
	300	13.4%
150	100	6.2%
	200	8.0%
	300	10.0%
100	100	5.8%
	200	8.5%
	300	10.9%
50	100	10.3%
	200	11.3%
	300	12.5%

表3.17为滑动加权灰色-马尔科夫模型分别选择实测值最后不同的功率值作为样本时的预测性能，从表中可以看出，并不是样本容量越大预测精度就会越高，主要原因为，当样本容量过大时，前段较高的海杂波功率值会在马尔科夫模型进行状态等级分类时，使样本的方差过大，导致状态区间的范围较大，样本后端较弱的回波功率会只分配在第一个状态等级，从而导致一

步状态转移多为状态1到状态1，从而使状态转移概率矩阵部分为0，因此预测能力下降；同时，样本容量较小时，会使得状态1和状态5的划分范围过近，状态分布过于均匀，状态转移概率矩阵也会存在失真情况。

综合上述模拟仿真结果，本书认为当选择实测功率最后150个功率值为样本时，滑动加权灰色-马尔科夫模型的预测能力最好。

（2）预测距离。基于上述分析，为提高该模型预测回波功率的准确度，利用最小二乘法得到实测海杂波回波功率及滑动加权灰色-马尔科夫模型预测回波功率的幅度值的散点拟合图，并利用修正函数提高该模型在长距离功率预测方面的适用性，散点拟合图如图3.7所示。其中，修正函数见式（3.2.10），修正结果如表3.18所示。

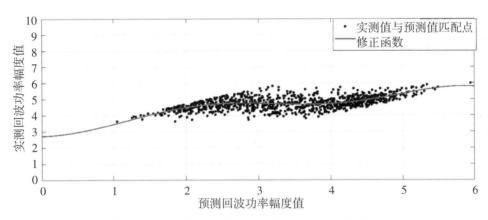

图3.7　海杂波回波功率预测值与实测值的散点拟合图

$$y = a_1 \sin(b_1 x + c_1) + a_2 \sin(b_2 x + c_2) + a_3 \sin(b_3 x + c_3) \qquad (3.2.10)$$

式中，$a_1 = 24.25$，$b_1 = 0.4075$，$c_1 = 0.666$，$a_2 = 20.26$，$b_2 = 0.4591$，$c_2 = 3.757$，$a_3 = 0.5922$，$b_3 = 1.46$，$c_3 = 4.713$。

表3.18　不同预测步长的拟合曲线参数

预测步长	修正前 RMSE	修正后 RMSE	修正前平均相对误差	修正后平均相对误差
1 000	1.551 2M	0.312 9M	29.7%	4.2%

由于本试验所用雷达的海杂波探测距离的原因，本书能进行误差分析的最大预测步长为1 000，通过经修正函数修正后与修正前的均方根误差（RMSE）和平均相对误差的对比可以看出，由滑动加权灰色-马尔科夫模型计算得到的海杂波回波预测功率经修正函数修正后与实测回波功率有较高的一致性，并且可以认为当预测步长进一步增加时，通过滑动加权灰色-马尔科夫模型预测并经式（3.2.10）的修正函数修正后，仍能有一定的适用性。

3.3　实测海杂波回波功率在时间上的预测

上一节对实测海杂波回波功率在距离向上进行了预测，解决了无法获得海杂波探测距离外的海杂波回波功率的现实问题。在雷达海杂波反演技术中，针对持续占用某型雷达其他工作模式这一问题，本节将通过滑动加权灰色-马尔科夫模型对海杂波回波功率在时间上进行预测，进而获得雷达使用非气象模式时的预测海杂波回波功率，从而避免长期占用雷达其他工作模式的现象。

本节采用某型雷达在南海某海域开展试验，选取某天1—23时，雷达全时间开机进行海杂波回波功率采集，具体试验场景如图3.8所示，测量结果如图3.9所示。

在图3.9中，雷达设置在扇形的圆心处，受地形影响只能检测$90°\sim190°$的海杂波回波，探测距离为3km，扇形区域的亮度反映了海杂波回波功率的强度，颜色越亮，回波强度越高。将数据解码后得到2094×600的数值矩阵，其中行数为角度分辨率，每一行为$0.0055°$，列数为距离分辨率，每一列为5m。

图3.8　试验雷达架设点

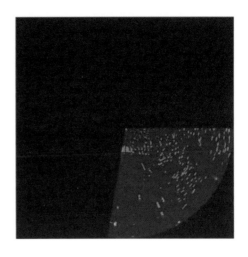

图3.9　海杂波测量结果回放（凌晨1时）

采用连续采样的方法，通过滑动加权灰色-马尔科夫模型对实测海杂波回波功率在时间上进行预测，与在距离向进行预测的计算方法相似，要进行较多步长预测并具有较低误差概率时，最少需要150个功率值构成样本，雷达采样1次需2.5s，连续采样150次需要雷达持续开机375s，通过滑动加权灰色-马尔科夫模型预测并经修正函数修正后，进行对未来近80min的海杂波回波功率进行预测，并且预测功率与实测功率的平均相对误差接近10%，即持续开机超过375s则可以在雷达工作模式转换后的80min内进行有效的回波功率预测。这种采样方法可以一定程度上避免占用雷达其他工作模式的现象，但是当需要对更长时间的海杂波回波功率进行预测时，预测值的适用性将会降低。

因此，本节提出一种有别于连续采样的采样方法，即通过长间隔小样本的采样方法，达到较长的有效预测时间的目的，具体方法如下：将实测得到的数据进行预处理，每10°近似等价，选取1—10时整点时刻的实测海杂波回波功率作为样本，分别用加权马尔科夫模型、灰色-马尔科夫模型和滑动加权灰色-马尔科夫模型预测11—23时整点时刻的海杂波回波功率，并与实测回波功率进行比较。分别计算3种模型的预测值与实测值在11时以及11—23时的整体平均相对误差，结果如表3.19所示。

表3.19　3种模型预测值与实测值的平均相对误差

	滑动加权灰色-马尔科夫模型		灰色-马尔科夫模型		加权马尔科夫模型	
	11时	11—23时	11时	11—23时	11时	11—23时
90°～100°	4.53%	11.33%	4.79%	11.90%	12.18%	12.85%
100°～110°	5.01%	10.43%	5.33%	11.01%	13.69%	13.27%
110°～120°	6.60%	9.85%	6.17%	9.98%	11.97%	12.18%
120°～130°	5.02%	8.97%	4.86%	9.38%	13.49%	13.15%
130°～140°	3.58%	9.81%	3.72%	10.12%	13.66%	12.98%
140°～150°	4.22%	7.85%	4.07%	8.07%	12.50%	12.81%
150°～160°	3.28%	8.41%	2.92%	8.65%	12.29%	12.05%
160°～170°	3.09%	7.47%	3.03%	7.60%	12.41%	12.53%
170°～180°	3.74%	7.09%	3.43%	7.12%	12.71%	12.88%
180°～190°	4.69%	7.18%	4.34%	7.38%	12.39%	11.81%

由表3.19可以看出，滑动加权灰色-马尔科夫模型在进行多步长预测时要优于其他模型。下面分析滑动加权灰色-马尔科夫模型对各扇区未来13h的预测结果，如图3.10所示。

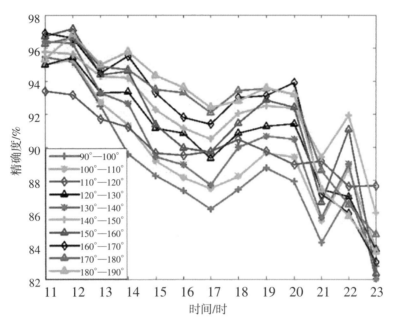

图 3.10　滑动加权灰色-马尔科夫模型预测结果分析

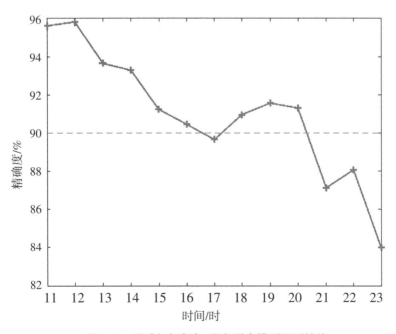

图 3.11　滑动加权灰色-马尔科夫模型预测性能

由图 3.10 可以看出，20 时前各扇形的预测精度基本能达到 90%，但是角度较小的区域在预测精度上存在较大偏差，经研判，14 时之前整体区域环境相对稳定，但 14—19 时，特别是 14—17 时，该区域往来船只数量变化相对于角度较大的区域过于频繁，因此角度较小区域在 14 时后与其他区域相比预测误差较大。下面对整体观测区域未来 13h 的预测结果进行分析，并分析滑动加权灰色-马尔科夫模型的预测性能，如图 3.11 所示。

由图 3.11 可以看出，用该模型进行预测时，在未来 10h 内预测精度稳定在 90%，11h 的预测精度急剧下降而后呈下降趋势持续降低。

3.4　本章小结

本章主要开展了海杂波回波功率仿真模型的构建以及海杂波实测回波功率的预测的研究。首先介绍海洋表面特征以及海杂波经验模型；其次构建海杂波回波功率仿真模型，为海杂波反演大气波导技术打下基础；最后介绍加权马尔科夫模型和灰色 GM（1，1）模型的分析，并对一般灰色-马尔科夫模型进行改进，提出一种滑动加权灰色-马尔科夫模型，并利用探测数据，分别分析了该模型对海杂波回波功率在距离向和时间上的预测能力，得出如下结论：

（1）雷达天线的极化方式在进行模拟海杂波回波功率计算时，主要区别在于海面散射系数的结果差别较大，因此构建海杂波模型时必须区分雷达天线的极化方式；

（2）在进行海杂波回波功率距离向预测时，选取实测功率最后 150 个功率值构成的样本时，滑动加权灰色-马尔科夫模型的预测精度最佳，通过此方法，由滑动加权灰色-马尔科夫模型得到预测功率再经修正函数修正后，可以在距离向进行至少1 000步长的功率预测，同时得到的预测功率有较好的适用性。

（3）在进行海杂波回波功率时间上预测时，当使用连续采样的方法，持续开机时间超过375s时，可以预测得到后续80min的预测海杂波回波功率，当采用间隔1h的采样方法时，通过10次采样可对后续10h的海杂波回波功率进行预测，因此可根据实际情况选取不同的采样方法对海杂波回波功率在时间上进行预测，一定程度避免了某型雷达占用其他工作模式的问题。

本章研究为解决海杂波反演技术受海杂波探测距离和雷达工作模式要求的问题提供了一种新颖的方法，为提高现有的雷达海杂波反演大气波导技术奠定了前提条件。下一步将结合雷达海杂波反演技术检验预测得到的海杂波回波功率的精准度。

第4章　基于马尔科夫模型+深度前馈神经网络的水平均匀雷达海杂波反演大气波导

如前文所述，受限于海杂波探测距离和雷达工作模式要求，利用雷达海杂波反演大气波导时无法直接获得海杂波探测距离外以及雷达使用非气象工作模式时的海杂波回波功率，因此不能进行大气波导反演，本章结合第3章研究结论，提出一种基于马尔科夫模型+深度前馈神经网络的水平均匀雷达海杂波反演大气波导的方法，不仅可以进行传统的海杂波反演大气波导，还可以进行海杂波探测距离外以及雷达使用非气象工作模式时的大气波导反演。

本章首先简述基于马尔科夫模型+深度前馈神经网络的水平均匀雷达海杂波反演大气波导的基本方法，然后介绍基于马尔科夫模型+深度前馈神经网络的模型构建方法，最后利用实测海杂波数据进行反演得到大气修正折射率廓线图，并与实际气象要素计算得到的廓线图进行对比分析。

4.1 大气波导反演的基本方法

大气波导的参数与海杂波回波功率之间是一种复杂的非线性关系，目前没有办法直接由接收的回波功率解算出大气波导的参数信息，只有当用实测海杂波回波功率与在某大气修正折射率剖面下的模拟正演的海杂波功率最为接近时，该剖面即当前实测海杂波功率对应的反演廓线。

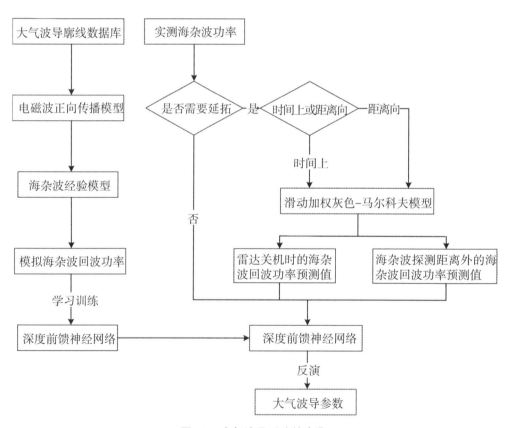

图4.1 大气波导反演的步骤

当无法在时间上和距离向上获得海杂波功率时，通过滑动加权灰色-马

尔科夫模型获得相应的预测功率值，使得实测功率的输入集与深度前馈神经
网络中的模拟正演海杂波功率具有相同维度，以便进行大气波导参数的反
演，具体流程如图4.1所示。

4.2 大气波导反演的模型构建

深度学习（deep learning，DL）是机器学习中一个较为成熟、应用较广
的领域，深度前馈神经网络（deep feed-forward neural network，DFNN），是
深度学习中一种结构简洁且收敛迅速，并适用于数值预测的神经网络。

4.2.1 深度前馈神经网络

深度前馈神经网络是一种映射模型，具有非线性的特性，并且不需要对
问题作出先验假设，这些特性非常有利于解决大气波导参数与海杂波回波功
率之间这种复杂的非线性关系的问题。深度前馈神经网络的特点是利用不断
增加复杂性的特征层来表示多变量函数，例如多层感知机（multi-layer per-
ceptron，MLP），如图4.2所示。

神经网络一般由输入层的神经元数、隐藏层层数、隐藏层对应的神经元
数和输出层神经元数决定。如图4.2所示，该神经网络模型的输入是具有任
意特征 x_1、x_2 和 x_3 以及一个输出 y，从接收数据的初始输入开始，每层的神
经网络的输出都是下层神经网络的输入。每层的运算在神经元中运行，并且
层内的神经元通常相互独立，每个神经元将输入与一组权重系数相结合后，
代入节点的激活函数，运算后形成本神经元的输出，基本结构如图4.3所示。

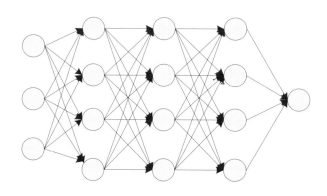

图4.2　3个隐藏层的MLP模型

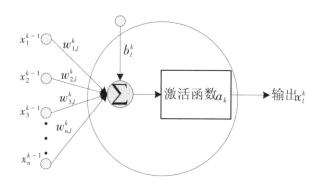

图4.3　神经元的组成结构

　　神经元把从第 $k-1$ 层的 n 个神经元的输入 $x_1^{k-1}, x_2^{k-1}, \cdots, x_n^{k-1}$ 与一组权重系数 $w_{1,l}^k, w_{2,l}^k, \cdots, w_{n,l}^k$ 进行相应运算，以达到对输入进行抑制或放大等处理。同时将被称为偏置的 b_l^k 和输入与权重运算总和，一起输入激活函数中，从而得到本神经元的输出 x_l^k，具体表达式为

$$x_l^k = \alpha_k \left(\sum_{i=1}^n w_{i,l}^k x_i^{k-1} + b_l^k \right) \tag{4.2.1}$$

式中，α_k 为第 k 层神经网络的激活函数。

　　激活函数是影响输入在通过神经网络后输出结果的关键，其根据所需解决的实际问题进行选择，一般情况下神经网络的不同层之间的激活函数各异，但是同一层中的神经元具有相同的激活函数。深度学习中常用的激活函数有 Tanh 函数、Sigmoid 函数、Relu 函数、PRelu 函数和 ELU 函数等。其中，Relu 函数收敛速度远快于 Sigmoid 函数和 Tanh 函数，PRelu 函数和 ELU 函数与 Relu 函数相比并没有明显的优势。综上，本书选择较为常用且成熟的 Relu 函数作为激活函数，其函数表达式见式（4.2.2），几何图像如图4.4所示。

$$f(x) = \max(0, x) \tag{4.2.2}$$

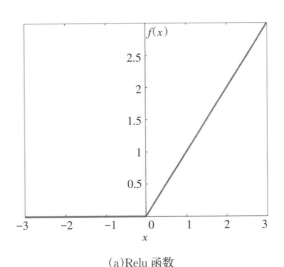

（a）Relu 函数

（b）Relu 函数导数

图4.4　Relu 函数及其导数图像

学习训练神经网络的目标是获取最优的权重 w 和偏置 b，以便获得最优的输出结果。这里就需要定义一个损失函数，通常选择均方误差函数（mean square error，MSE）作为神经网络的损失函数，具体表达式见式（4.2.3）。

$$loss = MSE = \frac{1}{n} \sum_{i=1}^{n} (\hat{y}_i - y_i)^2 \qquad (4.2.3)$$

式中，n 是样本总数，$\hat{y}_i$ 是神经网络的预测值，y_i 是真实值。

在确定损失函数后，海杂波反演大气波导的问题就等价于通过优化算法计算损失函数最小值的问题，损失函数函数值最小时对应的 $\hat{y}_i$ 即为反演结果。

目前常用的优化方法有随机梯度下降方法（stochastic gradient descent，SGD）和自适应矩估计（adaptive moment estimation，Adam）。SGD方法将输入数据分成若干批，然后随机选择其中一个小样本进行运算并更新参数，因此当数据集较大时，运用SGD方法也可以更快地收敛；Adam方法是随机梯度下降算法的扩展，它基于训练数据对网络权重进行迭代更新，具有容易应用、计算效率高和内存要求少等特点。

两者各有优缺点，SGD方法收敛效果较好，但是所需时间较长，Adam方法收敛速度快，但是容易陷入局部最优解。因此，Adam作为一种快速收敛的优化方法被广泛采用，但是它较差的收敛性限制了其使用范围，很多情况下仍需使用SGD。近年来有研究人员提出了一种自适应矩限制方法（adaptive and momental bound，AdaMod），其具体流程如下：

（1）初始参数 ϕ_0，矩估计的指数衰减速率 $\{\beta_1, \beta_2, \beta_3\}$，数值项 ε，随机目标函数 $f(\phi_0)$，步长 $\{\alpha_t\}_{t=1}^{T}$。

（2）初始化参数 $m_0 = 0, v_0 = 0, s_0 = 0$。

（3）从 $t = 1$ 到 T，循环后面操作。

（4）计算梯度，$g_t = \nabla f_t(\phi_{t-1})$。

（5）更新一阶矩估计，$m_t = \beta_1 m_{t-1} + (1 - \beta_1) g_t$。

（6）更新二阶矩估计，$v_t = \beta_2 v_{t-1} + (1 - \beta_2) g_t^2$。

（7）修正一阶矩估计的偏差，$\hat{m}_t = m_t / (1 - \beta_1^t)$。

（8）修正二阶矩估计的偏差，$\hat{v}_t = v_t / (1 - \beta_2^t)$。

（9）计算当前 Adam 优化算法的学习率，$\eta_t = \alpha_t / (\sqrt{\hat{v}_t} + \varepsilon)$。

（10）计算当前平滑值，$s_t = \beta_3 s_{t-1} + (1 - \beta_3) \eta_t$。

（11）更新学习率偏差，$\hat{\eta}_t = \min(\eta_t, s_t)$。

（12）更新参数，$\phi_t = \phi_{t-1} - \hat{\eta}_t \hat{m}_t$。

4.2.2 大气波导数据库的构建

通过神经网络模型来进行雷达海杂波反演大气波导，需要大量的仿真数据用于训练，因此需要建立大气波导参数与雷达海杂波回波功率的映射数据库。

4.2.2.1 大气修正折射率廓线数据库的构建

1. 蒸发波导

从高度 1～40m 的区间，每隔 1m 抽取一组蒸发波导高度，共 40 个蒸发波导高度。然后，结合第 2.2 节研究结论，考虑各向异性大气湍流对每一个大气修正折射率廓线的影响，首先确定湍流外尺度在垂直方向与水平方向上的比例系数 α 为 1：10，其次区分不稳定层结、近中性层结和稳定层结，分别在 (0, 0.5) 区间、(0.5, 1) 区间和 (0, 1) 区间各选取 100 组服从均匀分布的随机数组 r，取值为 $r = 1, 2, \cdots, 300$，共计 1 200 个大气修正折射率廓线。

2. 表面波导

根据第 2.1 节表面波导模型可知，对于反演表面波导来说，需要反演 3 个波导参数，分别是波导层底高度 h_b、波导层厚度 z_{thick} 和波导强度 ΔM，3 个参数的取值范围分别为 $h_b \in [0, 300]$，$z_{thick} \in [0, 100]$ 和 $\Delta M \in [0, 100]$。在构建表面波导的大气修正折射率廓线数据库时，3 个参数分别每隔 5 个自然数取值，即 $h_b = 0, 5, 10, \cdots, 300$，$z_{thick} = 5, 10, \cdots, 100$，$\Delta M = 5, 10, \cdots, 100$，由排列组合可知波导参数向量集 $\vec{m} = (h_b, z_{thick}, \Delta M)$ 共有 24 400 个向量，其中当 $h_b = 0$ 时的向量则为无基础层表面波导的参数集，其余向量则为有基础层表面波导的参数集。

4.2.2.2　仿真海杂波回波功率数据库的构建

本节分别建立水平极化方式和垂直极化方式的海杂波回波功率数据库，为最大限度地减小仿真海杂波回波功率与实测海杂波回波功率之间的相对误差，在进行仿真计算时，雷达系统参数选取后续用于试验的雷达参数，具体参数见表4.1。

表4.1　雷达系统参数

雷达频率	9 410MHz	雷达频率	9.4GHz
雷达天线架高	80m	雷达天线架高	35m
天线仰角	0°	天线仰角	0°
极化方式	HH	极化方式	VV
探测距离	12km	探测距离	10km

首先将上述构建的蒸发波导和表面波导的 25 600 组廓线代入第 2.3 节雷达电磁波在大气波导条件下的正向传播模型中的抛物方程，分别计算水平极化和垂直极化天线发射的电磁波在 25 600 组波导条件下的单程传播损耗 L；然后根据第 3.1.2 节海杂波经验模型理论分别计算两种极化方式下的海面散射系数 σ^0；最后根据式（3.1.15）可计算得到 $2 \times 25\ 600$ 组仿真海杂波回波功率 P_r'。

由于两种海杂波探测距离和分辨率等原因不同，因此对于每组水平极化方式下海杂波功率每隔 120m 抽取一个值，同时为检验海杂波探测距离外大气波导反演的准确性，在海杂波探测距离的基础上再向外延伸9.6km，共抽取180个值，即生成25 600×180维度的水平极化条件下海杂波功率数据矩阵；对于每组垂直极化方式下海杂波功率每隔100m抽取一个值，共抽取100个值，即生成25 600×100维度的垂直极化条件下海杂波功率数据矩阵。

4.2.3 深度前馈神经网络的模型构建

由第4.2.2小节可知，蒸发波导的参数共有2个，分别为h_t和r；而表面波导的参数共有3个，分别是h_b、z_{thick}和ΔM。这会造成神经网络模型输出维度的不一致，无法同时进行反演。于是对蒸发波导的参数进行补充，增加1个参数a，并且令$a=-100$，作为蒸发波导区别于表面波导的标识，则蒸发波导与表面波导参数维度一致，可以利用深度前馈神经网络同时反演蒸发波导与表面波导。

1.距离向延拓的深度前馈神经网络的模型构建

对于水平极化雷达反演大气波导的训练模型所用输入集为25 600组海杂波功率组成的25 600×180的矩阵，输出为对应的25 600组(a,h_t,r)或$(h_b,z_{thick},\Delta M)$的大气波导参数构成的25 600×3的矩阵，如图4.5所示。

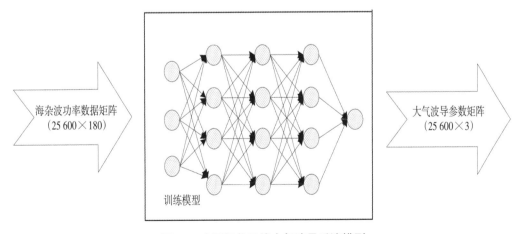

图4.5 水平极化天线大气波导反演模型

2. 时间上延拓的深度前馈神经网络的模型构建

对于垂直极化雷达反演大气波导的训练模型，所用输入集为 25 600 组海杂波功率组成的 25 600×100 的矩阵，输出为对应的 25 600 组 (a, h_t, r) 或 $(h_b, z_{\text{thick}}, \Delta M)$ 大气修正折射率构成的 25 600×3 的矩阵，训练模型如图 4.6 所示。

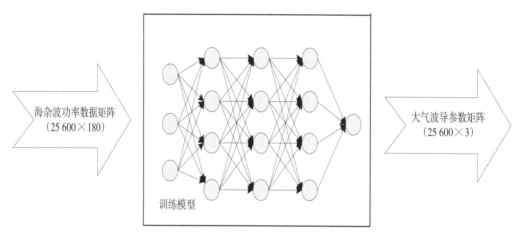

图4.6　垂直极化天线大气波导反演模型

根据第 4.2 节理论，本书在进行模型训练时，选取 Relu 函数作为激活函数，MSE 函数为损失函数，优化方法选择 AdaMod。参数设置：隐藏神经元数为 300，最大迭代次数为 30，其他参数为默认值。此外，分别将 2 种极化方式下的 25 600 组数据分成训练集和测试集，训练集占比为 90%，测试集占比为 10%。

4.3　大气波导反演的试验验证

上一节构造了基于马尔科夫模型＋深度前馈神经网络的水平均匀雷达海杂

波反演大气波导的模型，本节将通过试验分别验证在时间上和距离向应用该模型，解决雷达使用非气象工作模式的其他模式时和海杂波探测距离外的大气波导反演情况。试验流程如图4.7所示，气象数据采集设备如图4.8所示。

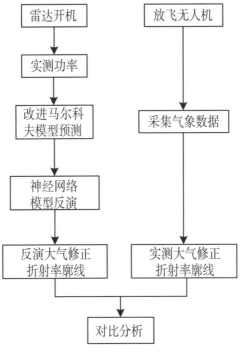

图4.7　试验流程图

图4.8　无人机及气象传感器

4.3.1　基于海杂波回波功率在时间上预测的大气波导反演

本小节旨在通过试验验证能否在第3.3节试验方案的条件下进行海杂波反演，并且反演所得的大气波导具有较高的准确率，从而解决因利用海杂波反演技术进行大气波导实时监测时，采集海杂波信息频繁占用雷达其他工作模式的问题。在南海某海域开展试验，雷达系统参数如表4.1右侧雷达参数。

本试验利用滑动加权灰色-马尔科夫模型对实测海杂波进行时间上的预测，再通过深度前馈神经网络进行大气波导参数的反演，最后与实测气象数据得到的大气波导廓线进行对比，试验流程如图4.9所示。

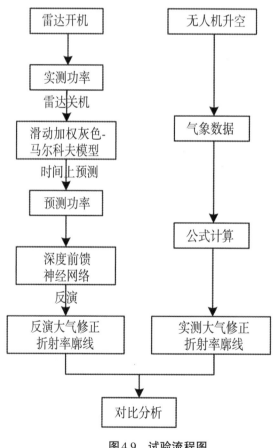

图4.9　试验流程图

具体试验步骤如下：

（1）选取某天0—9时，每隔1h雷达开机测量1次海杂波回波功率，共测量10次，作为滑动加权灰色‐马尔科夫模型的初始样本 $x_0 = \{x_0(1), x_0(2), \cdots, x_0(10)\}$，其中，$x_0(i)$ 均为 1×300 的海杂波功率值。

（2）将实测海杂波功率样本 $x_0 = \{x_0(1), x_0(2), \cdots, x_0(10)\}$，代入滑动加权灰色-马尔科夫模型，得到10—19时的预测回波功率 $\{x_0'(11), x_0'(12), \cdots, x_0'(20)\}$，其中，$x_0'(i)$ 均为 1×300 的海杂波功率值。

（3）将10时至19时的预测回波功率 $\{x_0'(11), x_0'(12), \cdots, x_0'(20)\}$ 作为深度前馈神经网络模型的输入进行反演计算，得到10—19时每小时的大气波导参数，再计算形成大气修正折射率廓线。

（4）自10—19时每隔1h利用无人机进行气象数据采集，得到每个时间段内的大气修正折射率廓线。

（5）将反演廓线与实测廓线进行对比，并分析误差。

下面将10h的预测海杂波回波功率作为神经网络模型的输入进行大气波导反演运算，结果如图4.10所示。

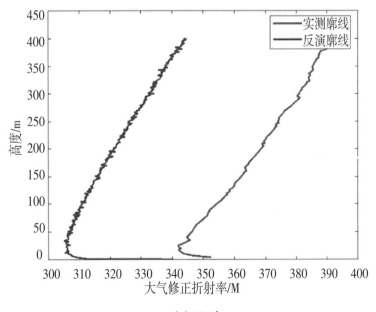

(a) 15时

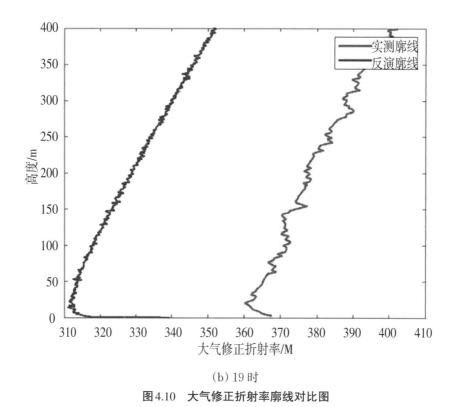

（b）19时

图4.10 大气修正折射率廓线对比图

从图4.10可以看出，反演廓线与实测廓线在图形和走向上大致相同，但因构建大气波导时设定的海面的大气修正折射率参数$M_0 = 340M$，而实际海面的大气修正折射率参数$M_0^{实测}$为350～370M，导致两者在图像显示上差异明显。

下面验证大气修正折射率廓线左右平移是否对雷达电磁波的传播有影响。

（1）首先构造一条$M_0 = 340M$，波导高度为15m的蒸发波导大气修正折射率廓线，并分别将其向右平移50M、100M得到3条走向完全相同但位置不同的大气修正折射率廓线，如图4.11所示。

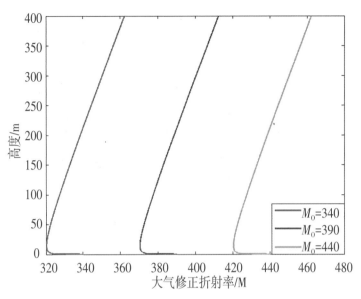

图4.11 蒸发波导的大气修正折射率廓线

（2）将上述3个蒸发波导参数分别代入抛物方程，计算雷达电磁波在3个大气环境下的传播损耗，结果如图4.12所示。

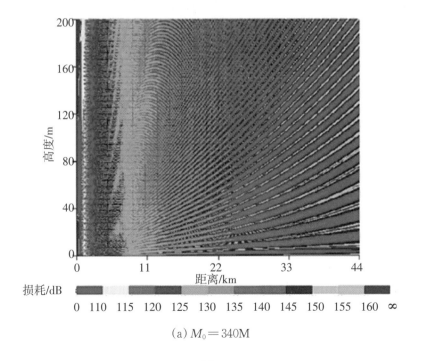

（a）$M_0 = 340M$

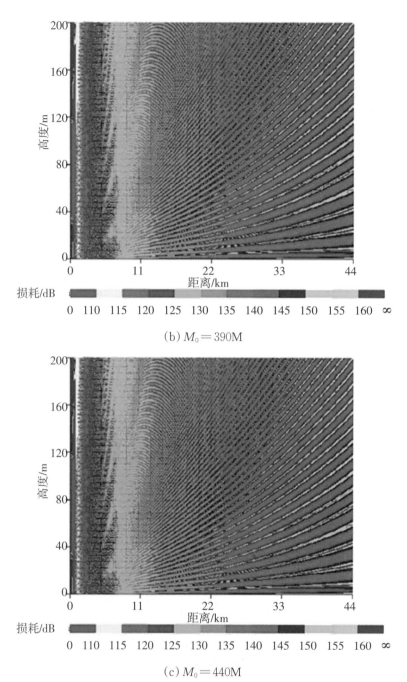

（b）$M_0 = 390M$

（c）$M_0 = 440M$

图4.12　3条廓线计算得到的传播损耗

由图4.12可知，大气修正折射率廓线的平移对雷达电磁波的传播损耗没

有影响，因此将图4.10中反演廓线向右平移至$M_0^{反演}=M_0^{实测}$，得到图4.13和
图4.14。

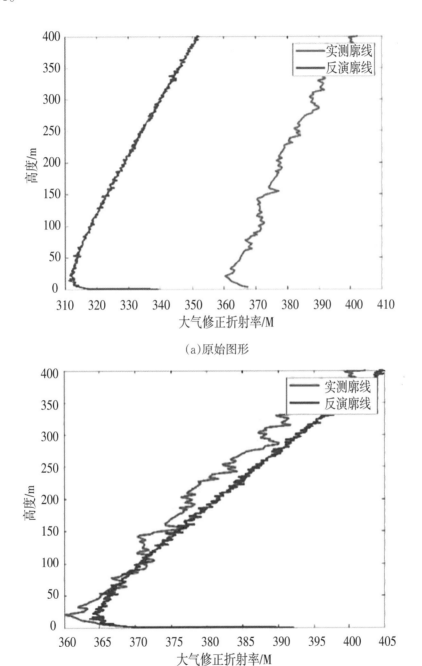

（a）原始图形

（b）修正图形

图4.13 15时大气修正折射率廓线对比图

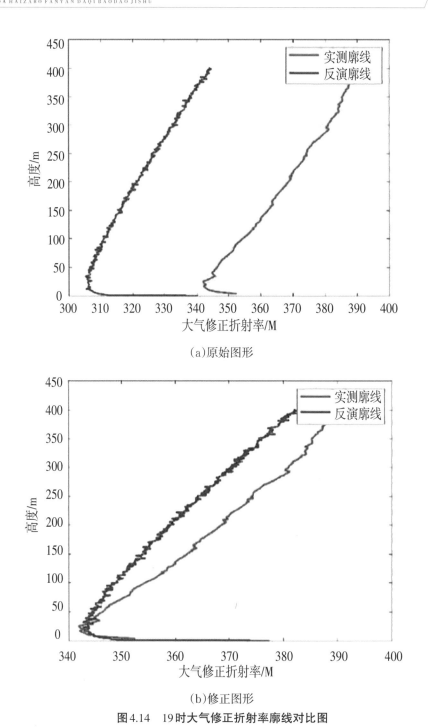

(a)原始图形

(b)修正图形

图4.14 19时大气修正折射率廓线对比图

图4.13和图4.14分别给出了15时和19时的反演廓线和实测廓线的对比

图，其中图（a）为反演得到的原始图形，图（b）为将反演廓线起点处的海
面大气修正折射率 $M_0^{反演}$ 平移至实测廓线起点处的 $M_0^{实测}$ 的修正图形。下面
对 10 时至 19 时每个时间段的反演结果进行误差分析，结果如表 4.2 所示。

表4.2　反演与实测大气修正折射率廓线误差分析

试验时间	MSE/M^2	试验时间	MSE/M^2
10时	11.23	15时	13.80
11时	11.78	16时	14.62
12时	12.32	17时	15.57
13时	12.85	18时	16.64
14时	13.16	19时	17.74

由表 4.2 可以看出，采用每隔 1h 测量 1 次海杂波功率的采样方法，连续
测量 10 次作为样本，通过滑动加权灰色-马尔科夫模型可以预测未来的 10h
内的海杂波回波功率，再由深度前反馈神经网络反演得到大气修正折射率廓
线，经与实测大气修正折射率廓线对比发现，反演廓线与实测廓线的拟合程
度都比较高。

综上，基于马尔科夫模型＋深度前馈神经网络的雷达海杂波反演大气波
导方法，可以有效解决雷达海杂波反演大气波导时频繁占用雷达其他工作模
式的问题，对开展大气波导实时监测工作有一定的指导意义。

4.3.2　基于海杂波回波功率在距离向预测的大气波导反演

本小节旨在通过试验验证能否在第 3.2 节试验方案的条件下进行海杂波
反演，并且反演所得的大气波导具有较高的准确率，从而解决利用雷达海杂
波反演大气波导方法无法对海杂波探测距离外的大气波导进行实时监测的问
题。于黄渤海某海域开展试验，雷达系统参数如表 4.1 左侧雷达参数。本次

试验利用滑动加权灰色-马尔科夫模型对实测海杂波进行距离向预测，再通过深度前馈神经网络进行大气波导参数的反演，最后与实测气象数据得到的大气波导廓线进行对比，试验流程如图4.15所示。

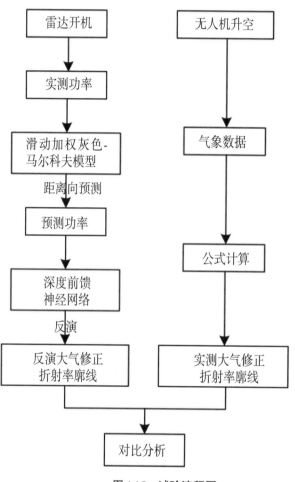

图4.15　试验流程图

具体流程如下：

（1）雷达采用凝视方法对某一片固定海域进行海杂波回波功率采集，对回波数据进行预处理，每隔10个点提取海杂波功率值，因雷达距离分辨率为2.4m，则相当于每24m取1个海杂波回波功率，选取经过预处理的海杂波功率的最后150个数据点，作为滑动加权灰色-马尔科夫模型的初始样本

$\{x_0(1),x_0(2),\cdots,x_0(150)\}$。

（2）将实测海杂波功率样本 $x_0=\{x_0(1),x_0(2),\cdots,x_0(150)\}$，代入滑动加权灰色-马尔科夫模型在距离向进行预测，得到海杂波探测距离外400个海杂波回波功率预测值，$\{x_0'(151),x_0'(152),\cdots,x_0'(400)\}$，即将海杂波探测距离向外延伸9.6km。

（3）将海杂波探测距离内的海杂波功率每隔50个点（即120m）提取海杂波功率值，得到 $x_1=\{x_1(1),x_1(2),\cdots,x_1(100)\}$，将海杂波探测距离外的预测回波功率 $\{x_0'(151),x_0'(152),\cdots,x_0'(400)\}$ 进行处理，每隔5个点提取海杂波功率值，得到 $\{x_1'(1),x_1'(2),\cdots,x_1'(80)\}$，将 $x_1'=\{x_1(1),x_1(2),\cdots,x_1(100),x_1'(1),x_1'(2),\cdots,x_1'(80)\}$ 作为深度前馈神经网络的输入进行反演计算，得到相应距离上的大气波导参数，再计算形成大气修正折射率廓线。

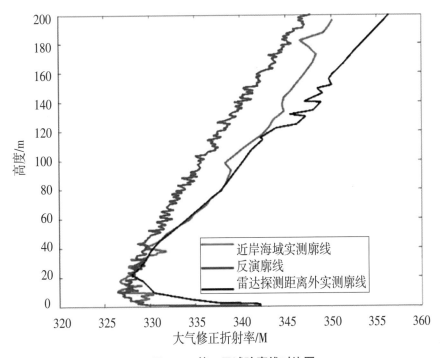

图4.16　第一天试验廓线对比图

（4）利用无人机分别对雷达架设地点附近海域和海杂波探测距离外的海域进行气象数据采集，得到2个海域的大气修正折射率廓线。

（5）将反演廓线与实测廓线进行对比并分析误差，试验结果如图4.16所示。

由图4.16可以看出，反演得到的大气修正折射率廓线与近岸海域实测大气修正折射率廓线较为接近，而与海杂波探测距离外的实测廓线相比，两者相差较大。7天试验的具体数据分析如表4.3所示。

表4.3　反演与实测大气修正折射率廓线误差分析

试验时间	近岸海域 MSE/M²	探测距离外 MSE/M²
第一天	10.45	36.41
第二天	10.64	38.43
第三天	10.75	41.74
第四天	9.82	42.32
第五天	10.47	39.79
第六天	10.04	50.98
第七天	9.96	48.24

由图4.16和表4.3可得以下结论：

（1）对比2个实测大气修正折射率廓线可以看出，大气环境在水平空间并不是均匀分布的，同样的大气波导环境在水平方向上表现出水平非均匀性。

（2）由基于马尔科夫模型＋深度前馈神经网络的水平均匀雷达海杂波反演大气波导模型反演得到的大气波导参数，对于近岸海域的大气折射率廓线有较好的拟合度，但是对于海杂波探测距离外的大气修正折射率廓线拟合度较差。综上，在使用基于马尔科夫模型+深度前馈神经网络的水平均匀雷达海杂波反演大气波导模型进行距离向雷达海杂波反演大气波导时，有必要将大气环境认为是非均匀环境，因此，需要构建一个基于马尔科夫模型+深度前馈神经网络的水平非均匀雷达海杂波反演大气波导模型来进行大气波导反演。

4.4 本 章 小 结

本章主要开展基于马尔科夫模型＋深度前馈神经网络的水平均匀雷达海杂波反演大气波导研究。首先介绍运用该模型进行大气波导反演的基本方法和具体流程，并进行大气波导反演模型的构建；然后通过试验验证，得到如下结论：

（1）基于马尔科夫模型＋深度前馈神经网络的雷达海杂波反演大气波导方法，可以有效解决雷达海杂波反演大气波导时容易造成频繁占用雷达其他工作模式的问题，对开展大气波导实时监测工作有一定的指导意义；

（2）大气波导环境在水平方向上表现出水平非均匀性，由基于马尔科夫模型＋深度前馈神经网络的水平均匀雷达海杂波反演大气波导模型反演得到的大气波导参数，对于近岸海域的大气折射率廓线有较好的拟合度，但是对于海杂波探测距离外的大气修正折射率廓线拟合度较差，需要构建一个基于马尔科夫模型＋深度前馈神经网络的水平非均匀雷达海杂波反演大气波导模型来进行大气波导反演。

第5章 基于马尔科夫模型+深度前馈神经网络的水平非均匀雷达海杂波反演大气波导

第4章介绍分析了基于马尔科夫模型＋深度前馈神经网络的水平均匀雷达海杂波反演大气波导方法，该方法可以有效解决雷达使用非气象工作模式时的大气波导反演问题，但是在解决海杂波探测距离外大气波导反演问题时发现，气象要素在真实大气环境中总表现出在水平方向上局部的均匀性和整体的非均匀性，因此本章对基于马尔科夫模型＋深度前馈神经网络的水平非均匀雷达海杂波反演大气波导开展研究。

首先，采用高斯-马尔科夫模型模拟大气波导参数在水平方向上的变化，并通过主成分分析法对水平非均匀的大气波导参数进行降维并建模；其次，由抛物方程和海杂波模型构建仿真海杂波回波功率数据库，并代入深度前馈神经网络模型进行学习训练；再次，根据基于马尔科夫模型＋深度前馈神经网络的水平均匀和非均匀雷达海杂波反演大气波导的研究成果，开发设计一套海杂波反演大气波导软件系统，用于辅助计算或自主进行实时监测海面上空均匀或非均匀的大气波导；接着，使用海杂波反演大气波导软件系统，开展由雷达实时采集海杂波回波功率，通过滑动加权灰色-马尔科夫模型将海杂波探测距离由实际的30km延伸至40km，再利用深度前馈神经网络进行水平非均匀雷达海杂波反演大气波导的试验，进一步探索海杂波探测距离外的大气波导反演问题的解决方法；最后，利用气象探测器采集气象数据，将反演得到的大气修正折射率廓线与实际廓线进行对比分析，验证在考虑大气波导参数的水平非均匀特性下，通过基于马尔科夫模型＋深度前馈神经网络的水平非均匀雷达海杂波反演大气波导的方法，能否有效解决海杂波探测距离外无法反演大气波导的现实问题。流程图如图5.1所示。

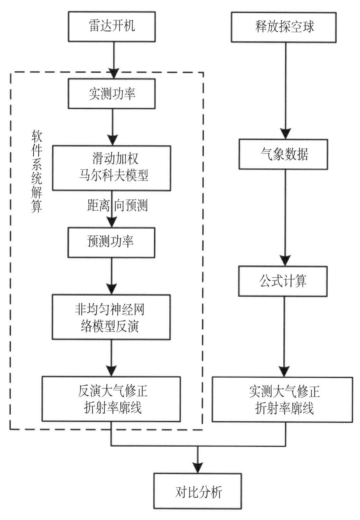

图5.1　水平非均匀反演流程图

5.1 非均匀大气波导反演模型的构建

海洋上空的大气波导参数在水平方向上的变化可以由高斯-马尔科夫模型（gauss markov model，GMM）进行模拟。但是由于大气环境在水平方向上的非均匀性，大气波导参数在建模时会出现维度较高的问题，冗杂的维度对计算量的影响是指数级增长的，因此在构建大气波导廓线数据库时首先要解决参数维度过高的问题。

主成分分析法（principal component analysis，PCA）是一种多变量统计方法，也是最常用的降维方法，其通过正交变换将存在线性相关的原始参数转换为一组线性无关的参数变量，以达到降维的目的。

5.1.1 蒸发波导廓线数据库的构建

由第2.5节可知，蒸发波导的参数是蒸发波导高度 h_t 和随机数组 r，因此，在水平非均匀蒸发波导数据库构建时，需要考虑蒸发波导高度和随机数组 r 的非均匀变化。蒸发波导高度在水平方向上的GMM模拟方法如下：

$$h_t(x_{i+1}) = h_t(x_i) + \eta_i \tag{5.1.1}$$

$$h_t(x_1) = h_t(x_0) \tag{5.1.2}$$

$$\eta_i \sim N(0,1) \tag{5.1.3}$$

式中，$h_t(x_i)$ 是水平距离 x_i 处的蒸发波导高度，特别地当 $h_t(x_i)$ 通过GMM模拟方法计算结果小于0时，取 $h_t(x_i)$ 为0；$h_t(x_0)$ 是初始距离处的蒸发波导高度，η_i 是服从均值为0，方差为1的高斯分布。由此，蒸发波导在水平方向上的非均匀变化可表示为

$$H_t = \begin{bmatrix} h_t^1(x_0) & h_t^1(x_1) & \cdots & h_t^1(x_n) \\ h_t^2(x_0) & h_t^2(x_1) & \cdots & h_t^2(x_n) \\ \cdots & \cdots & \cdots & \cdots \\ h_t^m(x_0) & h_t^m(x_1) & \cdots & h_t^m(x_n) \end{bmatrix} = \begin{bmatrix} h_t(x_0) h_t(x_1) \cdots h_t(x_n) \end{bmatrix} \quad (5.1.4)$$

式中，H_t 为初始位置的蒸发波导高度 $h_t^i(x_0)$ 的水平非均匀的变化矩阵，其中每一行为一组蒸发波导高度 h_t 水平非均匀的模拟变化。假设初始位置的蒸发波导高度 $h_t^i(x_0) = 20\text{m}$，$x_0, x_1, \cdots x_n$ 的间隔为 1km，模拟多条 0~40km 范围内的蒸发波导高度的水平非均匀变化曲线，如图 5.2 所示。

图 5.2 上图为初始位置的蒸发波导高度为 20m 时，模拟 100 条蒸发波导水平非均匀变化，下图为模拟 1 000 条非均匀变化。从图中可以看出，随着模拟次数的增加，在初始位置的蒸发波导高度为 20m，模拟生成的变化曲线已经可以包括蒸发波导所有可能的变化情况。由于根据主成分分析法进行主成分选取时需要足够全面的模拟样本，本书选择图 5.2 下图的模拟样本进行主成分提取并建模，具体步骤如下：

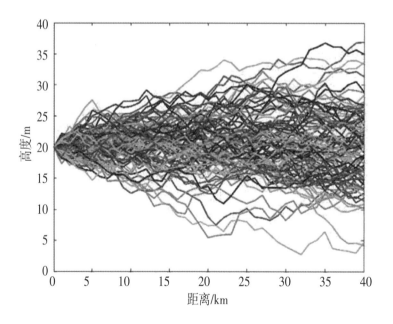

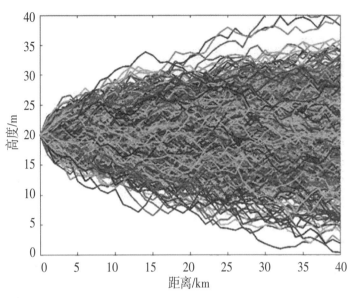

图 5.2　水平非均匀蒸发波导的模拟样本

（1）计算模拟样本的协方差矩阵 C，公式如下：

$$c_{ij} = \frac{1}{m-1}\sum_{k=1}^{m}\left[h_i^k(x_i)-\overline{h}_t(x_i)\right]\left[h_i^k(x_j)-\overline{h}_t(x_j)\right] = \frac{1}{m-1}\sum_{k=1}^{m}h_t^k(x_i)h_t^k(x_j) \quad (5.1.5)$$

$$C = \begin{bmatrix} c_{11} & c_{12} & \cdots & c_{1n} \\ c_{21} & c_{22} & \cdots & c_{2n} \\ \cdots & \cdots & \cdots & \cdots \\ c_{m1} & c_{m2} & \cdots & c_{mn} \end{bmatrix} \quad (5.1.6)$$

（2）计算协方差矩阵 C 的特征值 λ 和特征向量 $\vec{q}$，即对 C 进行对角化，找到正交矩阵 Q，使得 $C = Q\Lambda Q^{\mathrm{T}}$，其中，$Q$ 为特征向量矩阵，Λ 为 Q 对应的特征值矩阵。

（3）计算各成分的贡献率以及前 i 个成分的累计贡献率，从而选择主成分，计算公式如下：

$$\text{贡献率} = \frac{\lambda_i}{\sum_{k=1}^{n}\lambda_k}, (i=1,2,\cdots,n) \quad (5.1.7)$$

$$\text{累计贡献率} = \frac{\sum_{k=1}^{i}\lambda_k}{\sum_{k=1}^{n}\lambda_k}, (i=1,2,\cdots,n) \quad (5.1.8)$$

根据上述表达式，计算并排序协方差矩阵C的最大的5个特征值，前5个特征值$\lambda_1,\lambda_2,\lambda_3,\lambda_4,\lambda_5$的贡献率如图5.3所示。

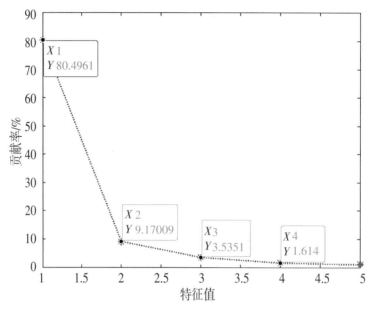

图5.3　前5个特征值的贡献率

如图5.3所示，前3个特征值的累计贡献率大于90%，并且第4、5个特征值的贡献率较小，因此确定3个特征值对应的特征向量构成新的特征向量矩阵$\boldsymbol{Q}'$，表示为

$$\boldsymbol{Q}'=(\vec{q}_1 \quad \vec{q}_2 \quad \vec{q}_3) \tag{5.1.9}$$

式中，$\vec{q}_1,\vec{q}_2,\vec{q}_3$分别为$\lambda_1,\lambda_2,\lambda_3$对应的特征向量，即为蒸发波导高度水平非均匀变化的主分量。

（4）由主分量矩阵，构建蒸发波导高度水平非均匀变化模型，波导高度可表示为：

$$h_t(x,u_1,u_2,u_3)=h_t(x_0)+\sum_{i=1}^{3}u_i\cdot\vec{q}_i(x) \tag{5.1.10}$$

式中，$u_i\sim U(-\sqrt{\lambda_i},\sqrt{\lambda_i})$，由此可知，当系数$u_i$取不同值时，可以模拟出蒸

发波导高度初始位置为20m的水平方向非均匀变化分布。

（5）分别假设初始位置的蒸发波导高度$h_t(x_0)$为$1,2,3,\cdots,40$m，循环上述$1\sim5$步，并且每个初始位置的蒸发波导高度的主分量系数$U=(u_1\ \ u_2\ \ u_3)$各取150组，共得到6 000条蒸发波导高度水平非均匀变化曲线。

（6）结合第2.4节基于各向异性湍流理论，对每条蒸发波导高度水平非均匀变化曲线考虑大气湍流影响，确定比例系数α为$1:10$，区分不稳定层结、近中性层结和稳定层结，分别在$(0,0.5)$区间、$(0.5,1)$区间和$(0,1)$区间各选取100组服从均匀分布的随机数组，分别记为r，取值为$r=1,2,\cdots,300$即可得到180万条考虑各向异性湍流影响的水平非均匀蒸发波导高度变化曲线。

5.1.2　表面波导廓线数据库的构建

上一小节对蒸发波导水平非均匀变化进行了建模，本小节依据上一小节的GMM模型和PCA方法对表面波导进行水平非均匀模型构建。由第2.5.2小节可知，电磁波传播损耗对当波导层底高度h_b、波导层厚度z_{thick}、波导强度ΔM较为敏感，因此只需对这3个参数进行水平非均匀变化进行建模。

按照蒸发波导水平非均匀模型构建方法，对表面波导水平非均匀变化进行建模，假设3个参数的初始值为波导层底高度$h_b=50$m、波导层厚度$z_{\text{thick}}=50$m、波导强度$\Delta M=50$M，则通过GMM模型和PCA方法得到前五个特征值的贡献率，如图5.4~图5.6所示。

由图5.4~图5.6可以看出，波导层底高度h_b、波导层厚度z_{thick}、波导强度ΔM，前2个特征值的累计贡献率大于90%，第3、4、5个特征值的贡献率较小，因此这3个参数的前2个特征值所对应的特征向量矩阵$\boldsymbol{Q}'_{h_b}, \boldsymbol{Q}'_{z_{\text{thick}}}, \boldsymbol{Q}'_{\Delta M}$分别为波导层底高度、波导层厚度、波导强度的主分量矩阵，分别表示为

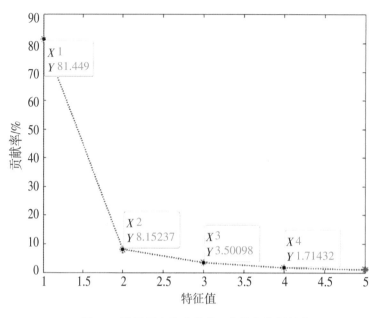

图5.4　波导层底高度的前五个特征值贡献率

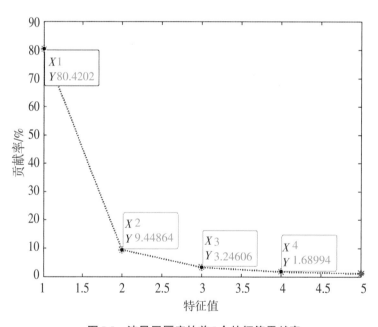

图5.5　波导层厚度的前5个特征值贡献率

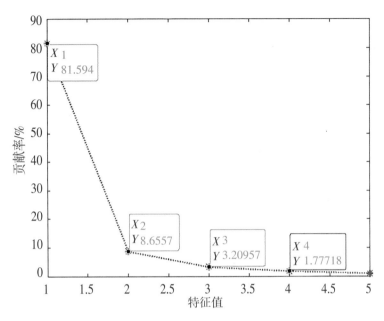

图5.6　波导强度的前5个特征值贡献率

$$\boldsymbol{Q}'_{h_b} = \begin{pmatrix} \vec{q}^1_{h_b} & \vec{q}^2_{h_b} \end{pmatrix} \tag{5.1.11}$$

$$\boldsymbol{Q}'_{z_{thick}} = \begin{pmatrix} \vec{q}^1_{z_{thick}} & \vec{q}^2_{z_{thick}} \end{pmatrix} \tag{5.1.12}$$

$$\boldsymbol{Q}'_{\Delta M} = \begin{pmatrix} \vec{q}^1_{\Delta M} & \vec{q}^2_{\Delta M} \end{pmatrix} \tag{5.1.13}$$

式中，$\vec{q}^i_{h_b}, \vec{q}^i_{z_{thick}}, \vec{q}^i_{\Delta M}$ 分别为特征值 $\lambda^i_{h_b}, \lambda^i_{z_{thick}}, \lambda^i_{\Delta M}$ 对应的特征向量。由主分量矩阵，构建表面波导3个参数水平非均匀变化模型，可表示为

$$h_b\left(x, u^1_{h_b}, u^2_{h_b}\right) = h_b(x_0) + \sum_{i=1}^{2} u^i_{h_b} \cdot \vec{q}^i_{h_b}(x) \tag{5.1.14}$$

$$z_{thick}\left(x, u^1_{z_{thick}}, u^2_{z_{thick}}\right) = z_{thick}(x_0) + \sum_{i=1}^{2} u^i_{z_{thick}} \cdot \vec{q}^i_{z_{thick}}(x) \tag{5.1.15}$$

$$\Delta M\left(x, u^1_{\Delta M}, u^2_{\Delta M}\right) = \Delta M(x_0) + \sum_{i=1}^{2} u^i_{\Delta M} \cdot \vec{q}^i_{\Delta M}(x) \tag{5.1.16}$$

式中，$u^i_{h_b} \sim U\left(-\sqrt{\lambda^i_{h_b}}, \sqrt{\lambda^i_{h_b}}\right)$，$u^i_{z_{thick}} \sim U\left(-\sqrt{\lambda^i_{z_{thick}}}, \sqrt{\lambda^i_{z_{thick}}}\right)$，$u^i_{\Delta M} \sim U\left(-\sqrt{\lambda^i_{\Delta M}}, \right.$

$\left. \sqrt{\lambda^i_{\Delta M}}\right)$ 当系数 u 取不同值时，可以模拟出表面波导三个参数初始位置分别为

波导层底高度 $h_b = 50\text{m}$，波导层厚度 $z_{thick} = 50\text{m}$，波导强度 $\Delta M = 50\text{M}$ 的水

平方向非均匀变化分布。

分别假设初始位置的表面波导参数波导层底高度 $h_b = 0, 5, 10, \cdots, 300$，波导层厚度 $z_{thick} = 5, 10, \cdots, 100$，波导强度 $\Delta M = 5, 10, \cdots, 100$，由排列组合可知共 24 400 组初始位置的表面波导参数，并且每组初始位置的表面波导 3 个参数的主分量系数 $U = \begin{pmatrix} U_{h_b} & U_{z_{thick}} & U_{\Delta M} \end{pmatrix} = \begin{pmatrix} u_{h_b}^1 & u_{h_b}^2 & u_{z_{thick}}^1 & u_{z_{thick}}^2 & u_{\Delta M}^1 & u_{\Delta M}^2 \end{pmatrix}$，各取 150 组，共得到 366 万条表面波导水平非均匀变化曲线。

5.1.3 深度前馈神经网络模型的构建

本节首先建立水平非均匀海杂波回波功率数据库，在进行仿真计算时，雷达系统参数选取后续用于试验的雷达参数，具体参数见表5.1。

表5.1 雷达系统参数

项目	参数	项目	参数
雷达频率	9 410MHz	天线仰角	$0°$
天线架高	80m	脉冲宽度	100ns
水平3dB 波束宽度	$1°$	垂直3dB 波束宽度	$26°$
雷达增益	29dB	探测距离	30km
极化方式	HH		

由海杂波探测距离可知，探测距离为 30km，每隔 24m 取值海杂波回波功率共取 1 250 个数据点，由第 3.2 节研究内容可知，滑动加权灰色-马尔科夫模型可以向后预测 400 个点，即实测回波功率通过预测后可以达到 1 650 个数据点，探测距离为 40km。具体神经网络建模方法如下。

首先，将上述构建的蒸发波导和表面波导的 546 万组大气波导参数廓线代入雷达电磁波正向传播模型中的抛物方程，计算电磁波在 546 万组波导条件下的水平距离40km范围内的单程传播损耗L；然后，根据海杂波经验模型理论，计算海面散射系数σ^0；最后计算得到546万组40km范围内的仿真海杂波回波功率P_r'，因此对每组海杂波功率每隔24m抽取一个值，共抽取1 650个值，即生成5 460 000×1 650维度的海杂波功率数据矩阵，作为水平非均匀雷达反演大气波导的训练模型的输入。

根据第5.1.1节和第5.1.2节可知，水平非均匀蒸发波导的参数共有5个，分别为$h_t(x_0)$、u_1、u_2、u_3和r，而水平非均匀表面波导的参数共有9个，分别是$h_b(x_0)$、$z_{\text{thick}}(x_0)$、$\Delta M(x_0)$、$u_{h_b}^1$、$u_{h_b}^2$、$u_{z_{\text{thick}}}^1$、$u_{z_{\text{thick}}}^2$、$u_{\Delta M}^1$和$u_{\Delta M}^2$，因此就造成了神经网络模型输出维度不一致，不能同时进行反演的情况。于是对于水平非均匀蒸发波导的参数集进行补充，增加4个参数a_1、a_2、a_3和a_4，即水平非均匀蒸发波导的参数分别为a_1、a_2、a_3、a_4、$h_t(x_0)$、u_1、u_2、u_3和r，因此蒸发波导与表面波导参数维度一致，可以利用深度前馈神经网络不区分蒸发波导和表面波导同时进行反演，并且令$a_1 = a_2 = a_3 = a_4 = -100$，其中，$a_1$、$a_2$和$a_3$作为蒸发波导区别于表面波导的标识符号，当输出的反演结果前3个元素小于零时则由蒸发波导模型进行大气修正折射率计算，反之则由表面波导模型计算。综上，对于水平非均匀雷达海杂波反演大气波导模型的输入集为546万组海杂波功率组成的5 460 000×1 650的矩阵，输出为对应的5 460 000×9的大气波导参数矩阵，采用第4.2.3小节的深度前馈神经网络模型构建方法，确定训练集占比为90%，测试集占比为10%，如图5.7所示。

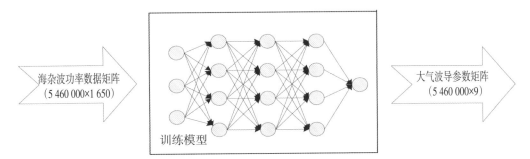

图5.7　水平非均匀雷达海杂波反演大气波导的模型图

5.2　海杂波反演大气波导软件系统

前文构建了基于马尔科夫模型＋深度前馈神经网络的非均匀海杂波反演大气波导的模型，为了将本书的研究形成固化产品，以满足对大气波导实时监测的应用需求，本书设计了海杂波反演大气波导软件系统，该系统可以利用雷达采集海杂波回波功率，通过滑动加权灰色-马尔科夫模型对实测功率进行时间上和距离向的预测，再利用深度前馈神经网络进行大气波导参数的实时监测。

5.2.1　软件系统的结构组成

海杂波反演大气波导软件系统具备通过雷达实测回波功率进行距离向和时间上回波功率的预测，依托系统内大气波导数据库完成大气波导反演处理，展示包括电子海图、海杂波功率谱、大气波导参数结果，以及记录存储、查询回放等功能。软件系统主要由雷达回波接收和显示模块、电子海图显示模块、海杂波统计显示分析预测和存储模块、大气波导反演显示和存储模块、陷获频率推算显示和存储模块、反演结果查询和回放模块、故障管理模块以及反演设定区域和时间模块等组成。系统结构组成如图5.8所示，显示界面如图5.9所示。

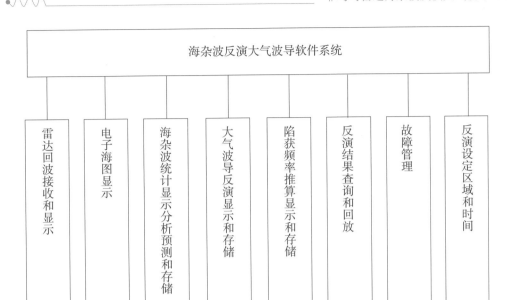

图5.8 反演软件系统组成

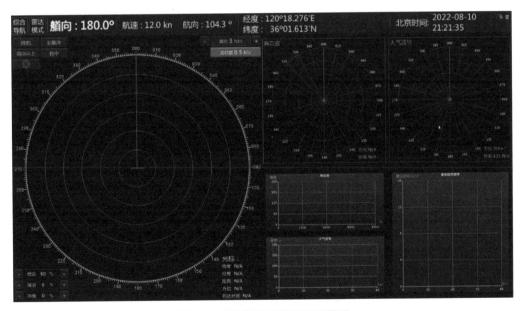

图5.9 反演软件系统的显示界面

5.2.2 雷达回波接收和显示模块

该模块主要用于接收和显示雷达回波数据，考虑到当前对海探测雷达设备多、生产厂家种类杂，为尽可能解决该系统对不同对海探测雷达数据源的兼容性，将雷达回波接收和显示模块分为子模块。接收子模块用于实时接收或者读取录入的包含探测顺序、探测方位、探测时间以及海杂波回波功率数据等信息的雷达回波数据，并将回波数据转换成标准的内部格式，再对接收的回波数据进行杂波剔除、回波增强等处理，再通过系统网络依次进入回波显示子模块和其他模块。显示子模块用于将接收到的回波数据，在客户端人机交互界面窗口，在方位向与距离向进行实时显示。流程如图5.10所示，显示界面如图5.11所示。

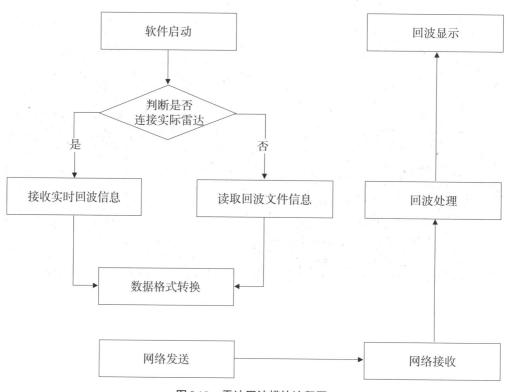

图5.10　雷达回波模块流程图

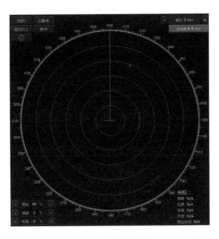

图 5.11　雷达回波模块的显示区域

5.2.3　海杂波统计显示、分析预测和存储模块

该模块将雷达回波进行预处理，剔除掉不是海杂波的回波，再依据反演设定模块参数进行距离向和方位向的数据截取，形成各扇区的海杂波回波功率数据，然后将各扇区数据进行实时显示。此外，该模块还可以分析预测海杂波在距离向和时间上的回波功率，最后将实测和预测得到的海杂波回波功率输入反演模块以及存储模块。显示界面如图 5.12 所示，流程如图 5.13 所示。

图 5.12　海杂波统计显示模块的显示区域

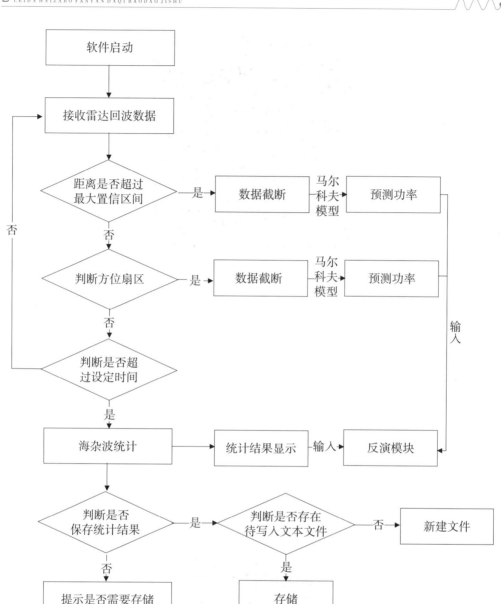

图 5.13　海杂波统计显示模块流程图

5.2.4　大气波导反演、显示和存储模块

本模块包含海杂波在蒸发波导和表面波导大气环境下回波功率的仿真数据库，在接收到海杂波统计显示、分析预测和存储模块的海杂波功率后，依

据本书建立的基于马尔科夫模型＋深度前馈神经网络的水平非均匀雷达海杂波反演大气波导模型，反演得到大气波导参数，然后通过网络将反演结果输出至显示子模块和存储子模块中，分别用于在人机交互界面窗口进行实时显示和反演结果查询，在回放模块进行信息存储。流程图如图 5.14 所示，显示界面如图 5.15 所示。

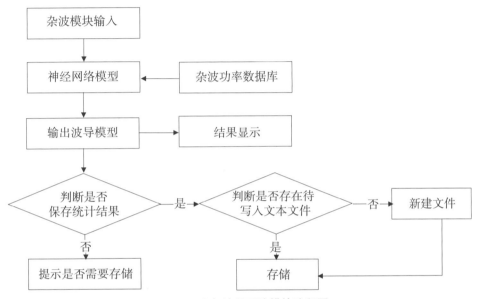

图 5.14　大气波导反演模块流程图

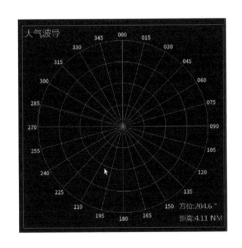
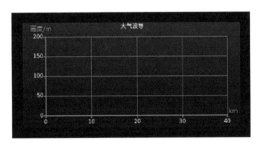

图 5.15　大气波导反演模块的显示区域

图 5.15 左图为整体区域大气波导显示区域，右图为所选中扇区的大气波导廓线图的显示区域。

5.2.5　其他模块

（1）反演设定模块：该模块依据设定的最大可信反演距离、扇形分区角度，确保利用海杂波反演大气波导技术在反演大气波导时能够尽可能符合当前海域的大气环境。

（2）陷获频率推算显示和存储模块：该模块依据大气波导反演结果，并根据函数关系计算得到陷获频率，并完成结果显示和结果存储。

（3）故障管理模块：该模块设置包括无雷达数据、存储空间不足、服务器关闭等故障点，用于第一时间了解软件系统的运行状态。在出现报警情况时，模块将报警信息存储至数据库，并进行存储。

（4）反演结果查询和回放模块：海杂波反演系统建立存储结果文件夹，用于存储每天反演结果，查询和回放模块支持输入反演结果查询时间，可查询历史大气波导反演数据并将结果回放。

5.3　反演结果分析

5.3.1　反演软件系统结果展示

在黄渤海某海域开展试验，主要验证基于马尔科夫模型＋深度前馈神经网络的水平非均匀雷达海杂波反演大气波导方法的准确性以及海杂波反演大气波导软件系统的可靠性，其中雷达实测海杂波数据由某型雷达实地测得，

雷达参数如表5.1所示，反演软件系统测试设备如表5.2所示，对照组的气象
数据通过租用当地渔船，在海上使用探空球搭载传感器采集，如图5.16
所示。

表5.2　试验器材设备表

所需设备	数量	用途
某型雷达	1台	产生原始海杂波信号
反演主机	1台	ETS和INS软件运行主机
交换机	1台	搭建局域网，进行数据传输

图5.16　远距离气象数据采集

利用交换机将反演主机与雷达连接后，雷达回波数据实时传输至反演主
机，运行反演软件系统。同时，利用气象探空球采集并记录同时间的气象参
数。人机交互界面如图5.17所示。

图5.17所示人机交互界面可以分为4个部分。

第一部分为雷达回波显示界面，该界面显示的雷达回波包含环境噪声和
雷达系统噪声以及其他目标回波，通常用于船只导航，可以大体掌握周围海
域环境状态。

· 127 ·

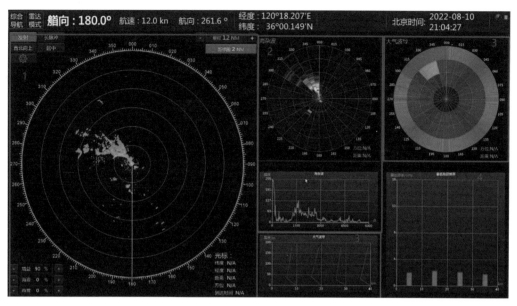

图5.17　反演软件系统人机交互界面

第二部分为雷达回波数据经海杂波统计显示、分析预测和存储模块解算后的海杂波回波数据。其中，上面的圆形图为区分方位和距离的海杂波回波功率显示图，方位的划分角度由反演设定模块确定，距离的划分为每一个同心圆代表10km的水平距离。上图中黄色面积为有海杂波回波的区域，黄色按照16级划分，由强黄到近黑色的黄代表海杂波回波由强到弱的变化，其中0～30km的海杂波回波由雷达实测得到，30～40km的海杂波回波是根据实测回波经滑动加权马尔科夫模型计算得到。下面的折线图为圆形图所选扇形区域的海杂波功率图，横坐标为水平距离，每个点为2.4m，纵坐标为海杂波功率的幅度值。

第三部分为大气波导反演结果显示。圆形图为不同方位和距离的大气波导显示图，不同颜色代表不同的波导层厚度。折线图为选中区域的大气波导水平非均匀廓线图。

第四部分为大气波导圆形图选定区域的雷达电磁波最低陷获频率。

5.3.2　试验结果分析

将第5.3.1小节选中海域的大气波导参数的反演结果导出，因a_1、a_2和a_3三个参数对应位置的输出值均大于0，则模型反演输出结果为水平非均匀表面波导，于是由$h_b(x_0)$、$u_{h_b}^1$和$u_{h_b}^2$可以得到波导层底高度h_b的水平非均匀分布曲线，由$z_{thick}(x_0)$、$u_{z_{thick}}^1$和$u_{z_{thick}}^2$可以得到波导层厚度z_{thick}的水平非均匀分布曲线，由$\Delta M(x_0)$、$u_{\Delta M}^1$和$u_{\Delta M}^2$可以得到波导强度ΔM的水平非均匀分布曲线，如图5.18～图5.20所示。

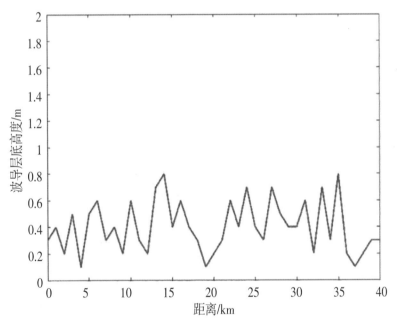

图5.18　波导层底高度的水平分布

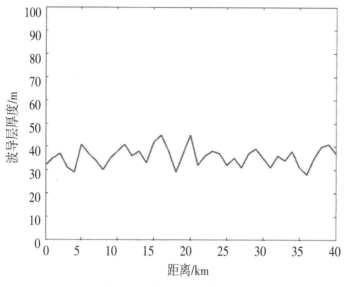

图5.19　波导层厚度的水平分布

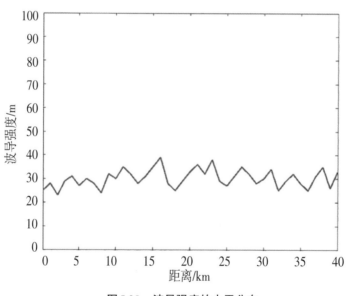

图5.20　波导强度的水平分布

　　分别将10km、20km、30km、40km处的波导层底高度、波导层厚度和波导强度代入式（2.1.6）表面波导参数模型中，即可得到对应位置的大气修正

折射率廓线的反演结果，同时实际的大气修正折射率廓线可由测量得到的气
象参数计算得出。2种大气修正折射率廓线如图5.21所示。

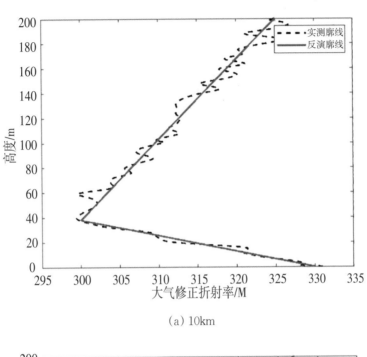

（a）10km

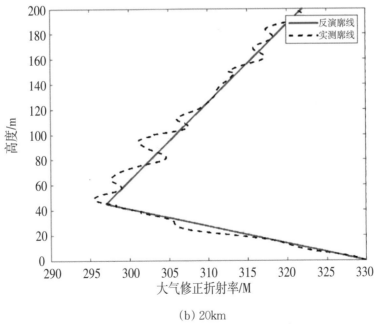

（b）20km

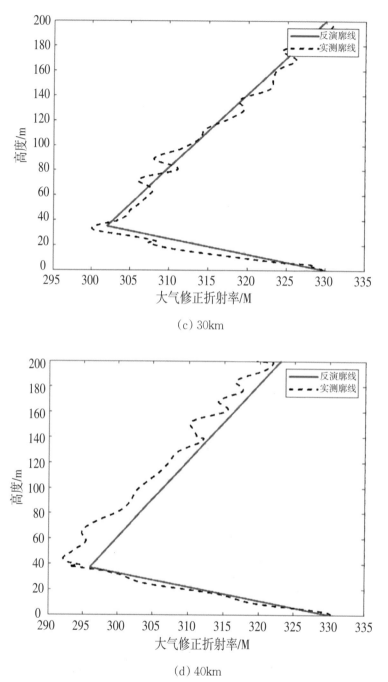

（c）30km

（d）40km

图5.21　不同距离处大气修正折射率廓线对比图

于是可以得到不同距离的反演廓线与实测廓线的对比图，如图5.22所

示，并分别计算10km、20km、30km、40km处反演得到的大气修正折射率与
实际大气环境的大气修正折射率之间的均方误差，结果如表5.3所示。

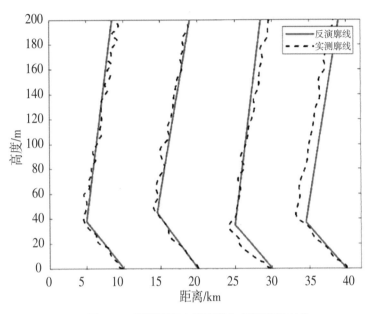

图5.22 不同距离实测廓线与反演廓线对比

表5.3 反演与实测大气修正折射率廓线误差分析

距离	MSE/M²
10km	8.43
20km	8.84
30km	9.37
40km	19.64

由图5.22和表5.3可以看出，本书建立的水平非均匀雷达海杂波反演大
气波导模型无论是对于海杂波探测距离内的大气波导，还是对于海杂波探测
距离外的大气波导进行反演，相对于均匀雷达海杂波反演大气波导模型都具
有较高精度，有效解决了大气波导反演受海杂波探测距离限制的问题。

5.4　本　章　小　结

　　本章主要开展基于马尔科夫模型＋深度前馈神经网络的非均匀雷达海杂波反演大气波导研究。首先介绍本章研究的基本内容、基本方法和具体流程；其次引入高斯-马尔科夫模型模拟大气波导在水平方向上的非均匀变化，并引入主成分分析法对水平非均匀的大气波导模型进行降维，根据这一思路分别构建了水平非均匀的蒸发波导廓线库和表面波导廓线库，并根据抛物方程和海杂波模型构建模拟海杂波回波功率库，通过构建的神经网络模型对模拟功率库进行训练，得到一种准确快速的反演方法；再次，根据本书研究成果，研究设计了一个海杂波反演大气波导的软件，将理论研究与现实需求相结合，形成了一个固化产品；接着利用实测的气象数据验证了本书构建的模型在进行水平非均匀雷达海杂波反演大气波导方面具有较高的精度；最后验证了前文基于在距离向预测的回波功率在反演大气波导时也具有相对的可靠性，为解决雷达海杂波反演大气波导受限于海杂波探测距离的问题提供了一种新的方法。

第6章 总结与展望

6.1 本书主要工作

本书围绕雷达海杂波反演大气波导方法开展研究工作，首先介绍现阶段的研究背景和意义，并简要概括国内外研究历史与现状；其次，对本书涉及的基础理论进行概括总结，提出了一种基于各向异性湍流影响的大气波导改进模型；再次，建立雷达电磁波信号在大气波导条件下的正向传播模型，分析大气波导对雷达电磁波传播的影响，同时为实现通过雷达海杂波反演大气波导，分析研究了大气波导参数对雷达电磁波传播的敏感性；接着，针对目前雷达海杂波反演技术的缺陷，提出了一种基于滑动加权灰色-马尔科夫模型＋深度前馈神经网络的均匀和非均匀雷达海杂波反演大气波导的新方法，并基于该方法设计了一套海杂波反演大气波导的软件系统，该软件首先利用滑动加权灰色-马尔科夫模型对实测海杂波进行预测，再通过神经网络模型进行水平均匀或非均匀大气波导反演；最后，本书将反演得到的大气修正折射率廓线与实测气象数据得到的大气修正折射率廓线进行对比分析，以验证本书理论研究与软件设计的可行性。

围绕上述内容，本书的主要工作和创新如下：

（1）在分析大气波导模型，特别是蒸发波导模型计算得到的大气修正折射率廓线与实测探空数据得到的廓线存在误差，为尽可能消除两者之间的误差，本书引入了各向异性湍流理论对大气波导模型进行改进，结果发现基于各向异性湍流影响的大气波导模型计算得到的大气修正折射率廓线与实际廓线更加接近，为提高后续雷达海杂波反演大气波导的精度提供了保证。

（2）针对目前海杂波反演大气波导距离受限于海杂波探测距离的问题，本书结合现有的加权马尔科夫模型和灰色马尔科夫模型的优点，提出了一种滑动加权灰色-马尔科夫模型，该模型可以对海杂波回波功率进行距离向的预测，并设计预测功率与实测功率误差修正函数，有效提升了预测功率的准确性，为海杂波显示区域外进行大气波导反演提供了可靠的数据支撑。

（3）针对利用雷达海杂波反演大气波导的方法容易造成频繁占用雷达其他工作模式的问题，本书采用连续采样和长间隔小样本的采样办法，并利用滑动加权马尔科夫模型对实测海杂波回波功率进行时间上的预测，并由试验给出了该模型对回波功率在时间上预测时的可信度和可信区间，为解决实时监测大气波导时容易造成频繁占用雷达其他工作模式的问题提供了一种新的思路。

（4）针对实际情况下大气波导的均匀、非均匀分布现象，本书提出了一种基于马尔科夫模型+深度前馈神经网络的雷达海杂波反演大气波导的方法，并根据本书研究理论设计了海杂波反演大气波导软件系统，通过试验验证了本书的反演方法与软件系统具有良好的适用性，能够在一定程度上解决当前雷达海杂波反演技术中出现的大气湍流因素引入不足、雷达使用保障中出现的海杂波探测区域外大气波导反演能力受限以及某些雷达使用过程中出现的大气波导反演模式与探测模式时间资源冲突等问题。

6.2　问题与展望

本书针对雷达海杂波反演大气波导研究开展了相关工作，尽管解决了一些重难点问题，取得了一定的初步成果，但仍存在一些问题需要后续继续研究：

（1）受限于雷达系统参数的影响，本书的海杂波反演大气波导软件内的神经网络反演方法只适用于本书所使用的雷达，不具有普适性。下一步将利用多部雷达进行海杂波反演大气波导研究，从中建立相应关系，使本书的软件可以适用于多种雷达。

（2）在深度学习神经网络模型的选择上，本书只是依托神经网络进行反演运算，而没有将其作为本书的主要工作来深入研究。下一步将着重研究深度学习近年来的理论成果，寻找或创新出一个适合海杂波反演大气波导的深度学习神经网络模型，进一步发挥深度学习在大数据反演中的优势。

（3）由于雷达设备和试验条件等原因，本书只在黄渤海海域和南海海域开展了相关试验验证本书研究理论。下一步将广泛开展海上试验，进一步验证本书理论，并通过试验对本书理论可能出现的误差进行修正。

参 考 文 献

[1] Turton J D，Bennetts D A，Farmer S F G．An Introduction to Radio Ducting[J]. Meteorol，1988，117：245-254.

[2] Yardim C．Statistical Estimation and Tracking of Refractivity from Radar Clutter [D]. San Diego，University of California，2007.

[3] 戴福山，李群．大气波导及其军事应用[M]. 北京：解放军出版社，2002.

[4] 姚展予，赵柏林，李万彪，等．大气波导特征分析及其对电磁波传播的影响[J]. 气象学报，2000，58（5）：605-616.

[5] 左雷，涂拥军，姚灿，等．海上大气波导环境下舰载超视距雷达盲区研究[J]. 火力与指挥控制，2011，36（10）：165-168.

[6] Patterson W L．Ducting Climatology Summary Software（Version 2.0, 21, January 1992）[J]. California,，USA：Space and Naval Warfare System Center，1993.

[7] 康士峰，张玉生，王红光．对流层大气波导[M]. 北京：科学出版社，2014．

[8] 丁菊丽，费建芳，黄小刚，等．南海、东海蒸发波导出现规律的对比分析[J]. 电波科学学报，2009，24（6）：1018-1023.

[9] 陈莉，高山红，康士峰，等．中国近海大气波导的时空特征分析[J]. 电波科学学报，2009，24（4）：702-708.

[10] 焦林，李云波，张永刚．中国近海蒸发波导区划研究[J]. 海洋技术学报，2017，36（3）：7-12.

[11] 蔺发军，刘成国，成思，等．海上大气波导的统计分析[J]. 电波科学学报，2005，20（1）：64-68.

[12] 张凌海．海洋技术为海军"添翼"[J]. 当代海军，2002（9）：41-42.

[13] 张玉生，郭相明，赵强，等．大气波导的研究现状与思考[J]. 电波科学学报，2020，35（6）：813-831.

[14] 唐文龙．基于船舶自动识别系统信号的大气波导监测技术研究[D]. 海军工程大学，2019.

[15] 杨德草．海杂波反演大气波导的模拟退火算法[D]. 西安电子科技大学，2009.

[16] Jeske H．The State of Radar-range Prediction over Sea[C]. Tropospheric radio wave propagation-Part II，1971.

[17] Paulus R A．Practical Application of an Evaporation Duct Model[J]. Radio Science，1985，20（4）：887-896.

[18] Musson-Genon L，Gauthier S，Bruth E．A Simple Method to Determine Evapora-tion Duct Height in the Sea Surface[J]. Radio Science，1992，27（5）：635-644.

[19] Babin S M，Young G S，Caton J A．A New Model of the Oceanic Evaporation Duct[J]. Journal of Applied Meteorology，1997，36：193-204.

[20] Babin S M，Dockery G D．LKB-based Evaporation Duct Model Comparison with Buoy Data[J]. J Appl Meteo，2002，41：434-446.

[21] Anderson，Brooks K，Caffrey B，et al．The RED Experiment．an Assessment of Boundary Layer Effects in a Trade Wind Regime on Microwave and Infrared Propagation over the Sea[J]. Bulletin of American Meteorological Society，2004，85（9）：1355-1366.

[22] Atkinson B W，Li Jianguo，Plant R S．Numerical Modeling of the Propagation Environment in the Atmospheric Boundary Layer over the Persian Gulf[J]. Journal

of Applied Meteorology，2001，40（3）：586-603.

[23] Siddle D R，Warrington E M，Gunashekar S D. Signal Strength Variations at 2 GHz for Three Sea Paths in the British Channel Islands：Observations and Statistical Analysis[J]. Radio science，2007，42（04）：1-15.

[24] Wang Qing，Alappattu D P，Billingsley S，et al. Coupled Air-sea Processes and Electromagnetic（EM）Ducting Research[J]. Bulletin of American Meteorological Society，2018，99（7）：1449-1471.

[25] Kulessa A S，Barrios A，Claverie J，et al. The Tropical Air-sea Propagation Study（TAPS）[J]. Bulletin of the American Meteorological Society，2017，98（3）：517-537.

[26] Oh J，Kim J H，Chong Y J. Analysis of Path Loss about Radio Duct Phenomenon with Atmospheric Refractive Index Information[C]. 2018 20th International Conference on Advanced Communication Technology（ICACT），IEEE，2018：527-530.

[27] Sit H，Earls C J. Deep Learning for Classifying and Characterizing Atmospheric Ducting within the Maritime Setting[J]. Computers & Geosciences，2021，157：104919.

[28] Robinson L，Newe T，Burke J，et al. A Simulated and Experimental Analysis of Evaporation Duct Effects on Microwave Communications in the Irish Sea[J]. IEEE Transactions on Antennas and Propagation，2022.

[29] 刘成国，潘中伟. 低空大气波导的研究状况及前景[J]. 电波与天线，1996，1：1-5.

[30] 刘成国，潘中伟，郭丽. 中国低空大气波导出现概率和特重量的统计分析[J]. 电波科学学报，1996，11（2）：60-66.

[31] 刘成国，潘中伟. 中国低空大气波导的几线频率和穿透角[J]. 通信学报，1998，19（10）：90-95.

[32] 刘成国，黄际英，江长荫，等．用伪折射率和相似理论计算海上蒸发波导剖面[J]．电子学报，2001，29（7）：970-972．

[33] 戴福山．海洋大气近地层折射指数模式及其在蒸发波导分析上的应用[J]．电波科学学报，1998，13（3）：280-286．

[34] 焦林，张永刚．大气波导条件下雷达电磁盲区的研究[J]，西安电子科技大学学报，2004，31（5）：815-820．

[35] 李诗明，陈陟，乔然，等．海上蒸发波导模式研究进展及面临的问题[J]．海洋预报，2005，22：128-139．

[36] 成印河，周生启，王东晓．海上大气波导研究进展[J]．地球科学进展，2013，28（3）：318-328．

[37] 田斌，王石，察豪，等．蒸发波导 A 模型核心函数研究[J]．海军工程大学学报，2014，26（04）：23-26．

[38] 杨少波，李醒飞，吴建宾，等．基于 NPS 蒸发波导预测模型的适应性研究[J]．电子测量与仪器学报，2016，30（12）：1899-1906．

[39] 吴超，钟莹，杨少波，等．基于 NPS 模型的南海蒸发波导中尺度数值模拟研究[J]．海洋科学，2017，41（08）：134-141．

[40] 史阳．蒸发波导建模及微波传输特性研究[D]．西北工业大学，2017．

[41] 马圣华，杜晓燕，卫佩佩．波导水平非均匀特性对雷达探测的影响研究[J]．信息工程大学学报，2017，18（02）：143-147．

[42] 张玉生，郭相明，赵强，等．大气波导的研究现状与思考[J]．电波科学学报，2020，35（06）：813-831．

[43] 刘成国，熊得安，段开源，等．海上微波超视距传播试验研究[J]．电波科学学报，2022，37（02：214-221．

[44] 黄立峰，刘成国，姜明波，等．黄海海域低空大气波导发生概率和特征量统计分析[J]．电波科学学报，2022，37：1-9．

[45] Krolik J L, Tabrikian J. Tropospheric Refractivity Estimation Using Radar Clut-

ter from the Sea Surface[C]. Proceedings of the 1997 Battlespace Atmospherics Conference，1998.

[46] Rogers L T，Hattan C P，Krolik J L．Using Radar Sea Echo to Estimate Surface Layer Refractivity Profiles[C]. IEEE 1999 International Geoscience and Remote Sensing Symposium，IGARSS'99，IEEE，1999，1：658-662.

[47] Krolik J L，Tabrikian J，Vasudevan A，et al．Using Radar Sea Clutter to Estimate Refractivity Profiles Associated with the Capping Inversion of the Marine Atmospheric Boundary Layer[C]. IEEE 1999 International Geoscience and Remote Sensing Symposium，IGARSS'99，IEEE，1999，1：649-651.

[48] Anderson R，Vasudevan S，Krolik J L，et al．Maximum a Posteriori Refractivity Estimation from Radar Clutter Using a Markov Model for Microwave Propagation[C]. IGARSS 2001，Scanning the Present and Resolving the Future. Proceedings，IEEE 2001 International Geoscience and Remote Sensing Symposium，2001，2：906-909.

[49] Gerstoft P，Rogers L T，Wagner L J，et al．Estimation of Radio Refractivity Structure Using Radar Clutter[C]. MTS，IEEE Oceans 2001，An Ocean Odyssey，Conference Proceedings，2001，1：636-641.

[50] Yardim C，Gerstoft P，Hodgkiss W S．Atmospheric Refractivity Tracking from Radar Clutter Using Kalman and Particle Filters[C]. 2007 IEEE Radar Conference，IEEE，2007：291-296.

[51] Douvenot R，Fabbro V，Gerstoft P，et al．A Duct Mapping Method Using Least Squares Support Vector Machines[J]. Radio Science，2008，43（06）：1-12.

[52] Valtr P，Pechac P，Kvicera V，et al．Estimation of the Refractivity Structure of the Lower Troposphere from Measurements on a Terrestrial Multiple-receiver Radio Link[J]. IEEE Transactions on Antennas and Propagation，2011，59

（5）：1707-1715.

[53] Tepecik C，Navruz I．Solving Inversion Problem for Refractivity Estimation Us-ing Artificial Neural Networks[C]. 2015 9th International Conference on Electri-cal and Electronics Engineering（ELECO），IEEE，2015：298-302.

[54] Tepecik C，Navruz I．A Novel Hybrid Model for Inversion Problem of Atmo-sph-eric Refractivity Estimation[J]. AEU-International Journal of Electronics and Communications，2018，84：258-264.

[55] Tepecik C，Navruz I，Altinoz O T．Atmospheric Refractivity Estimation from Radar Sea Clutter Using Novel Hybrid Model of Genetic Algorithm and Artificial Neural Networks[J]. Radioengineering，2020，29（3）：513.

[56] Penton S E，Hackett E E．Rough Ocean Surface Effects on Evaporative Duct Atmospheric Refractivity Inversions Using Genetic Algorithms[J]. Radio science，2018，53（6）：804-819.

[57] Compaleo J，Yardim C，Xu Luyao, et al．Preliminary Refractivity from Clutter (RFC) Evaporation Duct Inversion Results from CASPER West Experiment [C].2018 IEEE Radar Conference（RadarConf18），IEEE，2018：1516-1521.

[58] Compaleo J，Yardim C，Xu Luyao，et al．Analysis of Close Range Evapora-tion Duct Inversion from LATPROP Radar Data Collected During CASPER West Research Campaign[C]. 2019 IEEE International Symposium on Antennas and Propagation and USNC-URSI Radio Science Meeting，IEEE，2019：2139-2140.

[59] Zhang Jinpeng，Wu Zhensen，Zhang Yushi，et al．Evaporation Duct Retriev-al Using Changes in Radar Sea Clutter Power Versus Receiving Height[J]. Prog-ress In Electromagnetics Research，2012，126：555-571.

[60] 张金鹏，张玉石，吴振森，等．基于雷达海杂波的区域性非均匀蒸发波导反演方法[J].物理学报，2015，64（12）：136-146.

[61] Zhang Zhihua, Sheng Zheng, Shi Hanqing．Parameter Estimation of Atmospheric Refractivity from Radar Clutter Using the Particle Swarm Optimization Via Lévy Flight[J]. Journal of Applied Remote Sensing，2015，9（1）：095998.

[62] Zhang Zhihua，Sheng Zheng，Shi Hanqing，et al．Inversion for Refractivity Parameters Using a Dynamic Adaptive Cuckoo Search with Crossover Operator Algorithm[J]. Computational intelligence and neuroscience，2016，2016.

[63] 吴荣华，李胜勇，任席闯．基于多波长激光探测海洋大气波导机理及实验研究[J].激光与红外，2021，51（08）：980-984.

[64] 吕雍正，芮国胜，田文飚．基于直接支持向量机的蒸发波导参数反演研究[J]. 四川兵工学报，2015，36（2）：111-114.

[65] Zhang Qi，Yang Kunde．Study on Evaporation Duct Estimation from Point-to-point Propagation Measurements[J]. IET Science，Measurement & Technology，2018，12（4）：456-460.

[66] Guo Xiaowei，Wu Jiaji，Zhang Jinpeng，et al．Deep Learning for Solving Inversion Problem of Atmospheric Refractivity Estimation[J]. Sustainable cities and society，2018，43：524-531.

[67] 张金鹏，张玉石，李清亮，等．雷达海杂波反演蒸发波导的遗传-粒子群算法[J].现代雷达，2020，42（12）：72-77.

[68] Bean B R，Dutton E J．Radio Meteorology[M].New York：Dover，1966.

[69] Coulson K L．Characteristics of the Radiation Emerging from the Top of a Tayleigh Atmosphere—I：Intensity and Polarization[J]. Planetary and Space Science，1959，1（4）：265-276.

[70] Eckardt M C．Assessing the Effects of Model Error on Radar Inferred Evaporative Ducts[R]. NAVAL POSTGRADUATE SCHOOL MONTEREY CA，2002.

[71] Ozgun O，Apaydin G，Kuzuoglu M，et al．PETOOL：MATLAB-based One-way and Two-way Split-step Parabolic Equation Tool for Radio Wave Propaga-

tion over Variable Terrain[J]. Computer Physics Communications, 2011, 182 (12): 2638-2654.

[72] Cadette P E. Modeling Tropospheric Radio Wave Propagation over Rough Sea Surfaces Using the Parabolic Equation Fourier Split-step method[D]. The George Washington University, 2012.

[73] Sirkova I. Brief Review on PE Method Application to Propagation Channel Modeling in Sea Environment[J]. Open Engineering, 2012, 2 (1): 19-38.

[74] Dockery D, Kuttler J R. An Improved Impedance-boundary Algorithm for Fourier Split-step Solutions of the Parabolic Wave Equation[J]. IEEE Transactions on Antennas and Propagation, 1996, 44 (12): 1592-1599.

[75] Bourlier C. Propagation and Scattering in Ducting Maritime Environments from an Accelerated Boundary Integral Equation[J]. IEEE Transactions on Antennas and Propagation, 2016, 64 (11): 4794-4803.

[76] Freund D E, Woods N E, Ku H C, et al. Forward Radar Propagation over a Rough Sea Surface: A Numerical Assessment of the Miller-Brown Approximation Using a Horizontally Polarized 3-GHz Line Source[J]. IEEE Transactions on Antennas and Propagation, 2006, 54 (4): 1292-1304.

[77] 戴福山. 海上湍流对雷达波传播影响模拟研究[J]. 电波科学学报, 2013, 28 (1): 80-86.

[78] Barrios A. Modeling Surface Layer Turbulence Effects at Microwave Frequencies[C]. 2008 IEEE Radar Conference, IEEE, 2008: 1-6.

[79] Li Dan, Bou-Zeid E, De Bruin H A R. Monin - Obukhov Similarity Functions for the Structure Parameters of Temperature and Humidity[J]. Boundary-layer meteorology, 2012, 145 (1): 45-67.

[80] 郭相明, 王红光, 孙方, 等. 湍流影响下的近海面大气折射率剖面[J]. 微波学报, 2014, 30 (03): 54-58.

[81] Babin S M．A New Model of the Oceanic Evaporation Duct and its Comparison with Current Models[M]. University of Maryland，College Park，1996.

[82] Ivanov V K，Shalyapin V N，Levadny Y V．Microwave Scattering by Tropospheric Fluctuations in an Evaporation Duct[J]. Radiophysics and Quantum Electronics，2009，52（4）：277-286.

[83] Ward K D，Watts S，Tough R J A．Sea clutter：Scattering，the K Distribution and Radar Performance[M]. IET，2006，109-114.

[84] 李清亮．雷达地海杂波测量与建模[M]. 北京：国防工业出版社，2017，208-210.

[85] Gregers-Hansen V，Mital R．An Empirical Sea Clutter Model for Low Grazing Angles[C]. 2009 IEEE Radar Conference，IEEE，2009：1-5.

[86] Skolnik M I．Radar Handbook[M]. McGraw-Hill Education，2008，110-122.

[87] Schmidhuber J．Deep Learning in Neural Networks: An Overview[J]. Neural Networks，2015，61：85-117.

[88] Alom M Z，Taha T M，Yakopcic C，et al．A State-of-the-art Survey on Deep Learning Theory and Architectures[J]. Electronics，2019, 8（3）：292.

[89] Nair V，Hinton G E．Rectified Linear Units Improve Restricted Boltzmann Mach-ines[C]. Icml，2010.

[90] Needell D，Ward R，Srebro N．Stochastic Gradient Descent，Weighted Sampling，and the Randomized Kaczmarz Algorithm[J]. Advances in neural information processing systems，2014，27.

[91] Kingma D P，Ba J．Adam：A Method for Stochastic Optimization[J]. arXiv pre-print arXiv：1412.6980，2014.

[92] Ding Jianbang，Ren Xuancheng，Luo Ruixuan，et al．An Adaptive and Momental Bound Method for Stochastic Learning[J]. arXiv preprint arXiv：1910.12249，2019.

[93] Douvenot R，Fabbro V，Gerstoft P，et al．A Duct Mapping Method Using Least Squares Support Vector Machines[J]. Radio Science，2008，43（06）: 1−12.